"科学就在你身边"系列

品味地球大气层

——与自由的舞者牵手

总 主 编 杨广军

副总主编 朱焯炜 章振华 张兴娟

胡 俊 黄晓春 徐永存

本册主编 山丽娟

副 主 编 莫艳萍

上海科学普及出版社

图书在版编目（CIP）数据

品味地球大气层：与自由的舞者牵手/山丽娟主编.—上海：
上海科学普及出版社，2011.1(2018.4 重印)
(科学就在你身边系列 / 杨广军主编)
ISBN 978-7-5427-4679-5

Ⅰ.①与…　Ⅱ.①山…　Ⅲ.①大气科学—普及读物
Ⅳ.①P4-49

中国版本图书馆 CIP 数据核字(2010)第 238369 号

组　　稿　胡名正　徐丽萍
责任编辑　徐丽萍　刘湘雯　张怡纳

"科学就在你身边"系列
品味地球大气层
——与自由的舞者牵手
总主编　杨广军
副总主编　朱焯炜　章振华　张兴娟
胡　俊　黄晓春　徐永存
本册主编　山丽娟
副主编　莫艳萍
上海科学普及出版社出版发行
(上海中山北路 832 号　邮政编码 200070)
http://www.pspsh.com

各地新华书店经销　　北京一鑫印务有限责任公司印刷
开本 787×1092　1/16　印张 13　字数 198 000
2011 年 1 月第 1 版　　2018 年 4 月第 3 次印刷

ISBN 978-7-5427-4679-5　　定价：25.80 元

卷首语

在你的眼前，经常可以看到多姿的云彩、缤纷的霞光、七色的彩虹、晶莹的雪花以及海市蜃楼、日月光华……这些曼妙的绮丽景象，怎不让人对大自然赏心悦目，陶醉徜徉?

在你的身边，也会不时发生血腥的红雨、奇特的冰雹、呼啸的龙卷风、怒吼的沙暴……这些天降的惊心动魄，怎不让人体会到大自然的伟岸和骄傲，也怎不让芸芸众生饱尝痛苦，仰天呼号?

为什么，为什么那层环抱地球的轻盈气体，有时美得让人乐而忘返，有时又凶残得让人颤栗敬畏?来吧，让我们一起，和这自由的舞者牵手，一起去经历这风雨的轮回，一起去品尝这酸甜的滋味……

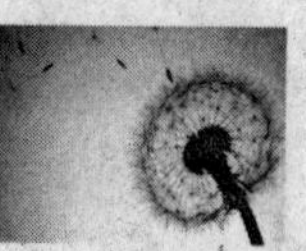

目 录

撩开面纱——走进地球大气层

且听风吟——大气运动

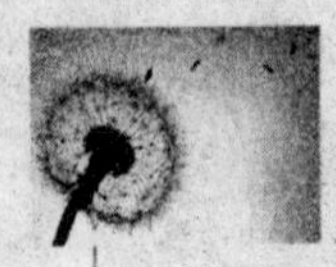

大气盛宴——云雾雨雪雹

光怪陆离——大气中的光电现象

与自由的舞者牵手

时代发展的标杆——气象服务

伴你左右——天气变化与气候

撩开面纱

——走进地球大气层

大气被誉为“地球的外衣”，“地球的保护伞”。正因为有大气的存在，才有了地球上适宜生存的环境，才出现了多姿多彩的生命形态。大气像保暖外衣一样保证地球上适宜的温度，并提供氧气给我们呼吸，臭氧帮我们抵挡阳光中的紫外线，可见，大气和我们的关系是多么的密切啊！如果我们把大气当作一位亲密的朋友，那你对大气的了解有多少呢？你知道我们的活动给这位朋友带来了怎样的危害吗？让我们一起来了解一下吧。

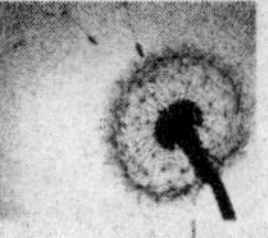

追根溯源——大气层的前世今生

◆地球卫星图片

从地球卫星传送回来的照片显示，我们的地球裹着一层蓝色的薄膜外套，这件“蓝色的外套”就是地球的“衣裳”——大气层。大气层又好比是地球的保护伞，它挡住了宇宙高能射线对地球的辐射，给地球带来了适宜的温度。此外，大气层还提供生命生存所必需的氧气。正是因为有了这样一件“蓝色的外套”，才有了我们可爱的家园，一个生机勃勃的星球，一颗生命之星——地球。那么，地球的这件衣裳——大气层是怎么形成的呢？

大气的形成

46亿年前，发生了一次超新星大爆炸，形成了太阳系，同时也诞生了地球。地球在形成之初，存在着原始大气——主要是由氢和氦组成。但是氢和氦不久就被太阳风吹散到宇宙空间去了。后来地球上频繁出现火山喷发和最初的造山运动，原本被囿于地壳之内的气体逃逸到了地球表层，形成次生大气，它的主要成分是氢气、氦气、二氧化碳、一氧化碳、甲烷、氨气及水蒸气。

次生大气中较轻的氢气和氦气大部分散逸到宇宙空间，其他气体在太阳紫外线的直接照射下经历了七十二变：水被分解成了氢气和氧气，氢气

◆大气

◆地球绿肺——森林

散失，氧气留下来，并与地表岩石或其他物质结合成氧气化物；氨气被分解成了氢气和氮气，氢气散失，氮气留下来；甲烷分解成氢气和碳，氢气散失，碳留下来；碳和氧气又结合生成二氧化碳。因此早期大气中的氧气含量很低，二氧化碳占的比重较大。甲烷、氢气、氨气等在紫外线作用下合成了一些最早的有机物，这一切条件都为生命的出现做好了准备。

终于，在约 20 亿年前出现了原核生物——蓝藻，它能够进行光合作用，吸收二氧化碳，释放氧气。蓝藻的光合作用开始了大气层中氧气的最初积累，氧气和二氧化碳的比例在蓝藻等植物的作用下，慢慢地发生

知识广播

蓝藻是一种原核生物，几乎所有的蓝藻都含有一种特殊的蓝色色素，因而得名。它是最早进行光合作用释放氧气的生物，在将地球从一个无氧环境变为有氧环境的过程中起了重要作用。

蓝藻种类大约有 2000 多种，其中有一部分含有一种特殊的酶，可以进行生物固氮，给植物提供肥料。某些蓝藻还是现在人们热捧的保健食品，如螺旋藻。蓝藻繁殖能力很强，在富含氮、磷的水体中会大量繁殖，造成“水华”，严重的甚至会造成水中鱼类的死亡。

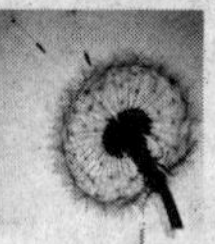

着变化。随着时间的推移，植物逐渐变得多种多样，动物也不断进化。植物吸收二氧化碳，放出氧气，而动物则消耗氧气，排出二氧化碳。动、植物对大气互补的两种作用改变着大气的组成。后来，动、植物繁殖旺盛，它们腐烂遗体中的蛋白质，一部分直接分解成氮气，另一部分在硝化细菌和脱氧细菌的作用下，也变成了氮气。氮气不活泼，逐渐在大气中积累下来，成为大气中最主要的成分。经过亿万年的演化，终于形成了以氮气和氧气为主要成分的现代大气。

地球的保护伞

设想你在某一个朗朗的晴天，躺在柔软的草地上，看着天空上悠闲自在的云朵，你是否想知道白云的后面是什么？天空中的那朵棉花糖到底有多高？那么你已经在向自然探寻：大气层到底有多厚呢？

◆鸡蛋壳

现代测量表明从地球的表面起，大气层向上延伸了400多千米。你会忍不住惊叹：大气层原来这么厚啊！其实不然。如果将地球比作一个鸡蛋，那么大气层的厚度比鸡蛋内膜的厚度还要薄。

但是，大气层对我们来说却是极其重要的。它是生命的摇篮，孕育了人类的现代文明。它不仅为我们提供了可以呼吸的空气，而且还起到了调节地球温度的作用，使我们免受严寒和酷暑的考验，并保护我们不受宇宙射线辐射的伤害。可以说，没有大气层就不可能有生命的存在，也不会出现各种丰富多彩的、奇妙的天气现象，地球将会像月球和水星那样是一片荒芜和死寂。

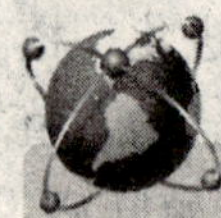

广角镜：没有大气层的星球——水星

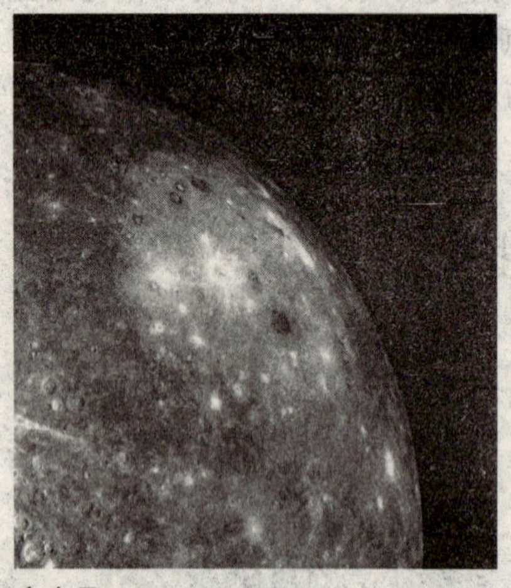
◆水星

水星形成于46亿年前，是最小的一颗类地行星。在它形成之初，曾经经历过彗星和小行星的轮番撞击。由于缺乏大气层的缓冲保护，行星的整个表面都受到了严重的撞击，形成了巨大的坑穴。这段时间也是水星上火山活跃的时期，因而这些坑穴被来自内部的岩浆填满，像月球上的"海"那样，形成表面平滑的平原。

水星从外观上看很像月球。它的表面有许多的坑穴，没有天然的卫星，没有真实的大气层。正因为如此，使得它毫无保护地暴露在太阳辐射之下。白天，它的表面温度可高达430℃，晚上温度却会降到零下180℃。

水星是太阳系中离太阳最近的行星，其表面温度，朝向太阳的一侧可以高达400℃，背向太阳的一面可达－173℃。水星的位置和环境给我们的勘测带来了很多的困难，因此也阻碍了我们对水星的进一步了解。美国发射的"水手10号"于1974年3月、9月和1975年3月探测了水星，这三次近距离的探测给地球发回几千张照片，描绘出45%的水星表面图。这些照片成了我们了解水星的珍贵资料。第二艘拜访水星的宇宙飞船是信使号，这次的探测，帮助我们完成了另外30%的表面的探测。因此水星还是我们有待探索的邻居之一。

1. 大气的形成有哪几个阶段？
2. 试着说一说原始大气、次生大气、现代大气的主要成分？
3. 查阅资料，看看哪些条件保障了地球上生命的安全？
4. 太阳系的其他星球上有大气层吗？

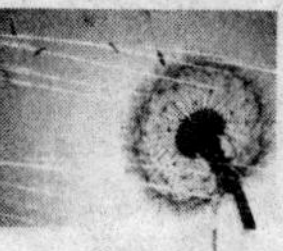

剥洋葱
——看大气的“五件套”

坐在平稳的飞机上，往窗外看去，是一片明净美丽的蓝色天空。再往下看，是一片白色涛涛的云海。阳光从云的间隙射出来，给云层染上一层光辉。它离我们是那么近，那么近，仿佛触手便可及。漂浮的云朵偶尔挡住我们的视线，让人不禁会好奇：云层下的天空和我们现在所见的是一样的吗？再往外呢？

◆飞机下的云海

其实我们所说的天空，就是地球的大气层。它好比一个洋葱，每一层都不太一样，到底怎么不一样呢？就让我们一起来一层一层地把它“剥开”，一睹它的庐山真面目！

大气层的划分

地球大气由于受重力作用，因而不同高度的大气密度是不均一的。大气密度随着距离地面的高度的增加而减少，即越高大气越稀薄。根据大气层的成分、密度、温度随高度的变化情况，物理学家将大气这颗“独特的洋葱”分成了五层。

对流层又称为“气象层”，人类的主要活动都在对流层中进行，对流层是与人类生产生活联系最紧密的大气层。

最接近地面的大气层我们把它称为对流层。它的平均高度约为 10 千米，但随纬度会有变化。例如，在赤道处最高约有 17 千米，极地地区最低约有 8 千米。对流层是空气流动最频繁、最旺盛的区域，大气中约有 80%的水汽存在于这一区域。位于这一层的大气的上升和下降运动带动了近地面的水汽和热量等的向上运输，形成了各种各样的天气现象，我们日常所见的风、云、雨、雾、雪、冰雹等，一般就发生在这一区域。此外，对流层的温度随高度增加而降低，每上升 100 米，温度下降约 0.6℃。

知识库——逆温现象

冬季时，地面辐射的能量要大于从太阳辐射得到的能量，地球的能量入不敷出，地表温度越来越低。所以冬季出现的逆温现象更多。

一般来说对流层的温度随高度的增加而下降，但有时候会出现相反的情况，温度随高度增加而升高，这就是逆温现象。

一旦出现逆温现象，空气的流动大大减少，使得近地面的污染物无法及时地随空气流动而疏散，造成污染程度大大增加，严重时甚至会危害人类的身体健康。1952 年伦敦著名的烟雾事件、洛杉矶的光化学烟雾都是由逆温现象造成的。在“逆温”造成的大雾天气出现时，我们要适当减少户外活动时间。这些事件也提示着我们控制空气污染物的排放、保护环境是多么重要！

在地球表面上方 11 千米到 50 千米的地方，我们把它称为平流层。平流层的最底部还可能有云的存在，再往上几乎不存在水汽和尘埃，空气稀薄，晴空万里，有很高的能见度，所以飞机的飞行一般选择在平流层。在这一层的下半部大约 25 千米处，有我们熟知的臭氧层，其中的臭氧吸收了大部分太阳紫外线，有效地保护了地表免受阳光中强烈紫外线的辐照。臭氧同时还吸收太阳辐射，因此大气温度不再随高度增加而降低，反倒是每升高 100 米，温度上升约 0.65℃，所以平流层的温度分布与对流层正好相反，是上热下冷。

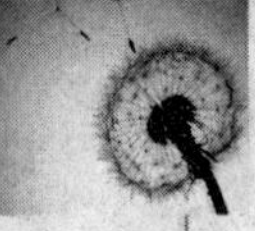

你知道吗?

大气层中超过99%的空气都集中在对流层和平流层。在更高的地方，大气层就会变得非常稀薄，我们甚至不能称其为空气了。我国的青藏高原地区，大气压低，氧气稀薄，初到的人容易出现“高原反应”。

平流层再往上就是中间层，它分布在地球表面上方50千米到80千米的地方，主要由臭氧、氧气、二氧化碳、氮的氧化物构成，这些都是光化学作用的产物，因此，中间层又被称作光化层。这一层的温度也随着高度的升高而降低，在中间层的顶部可降低到-90℃。美丽的奇景夜光云，就常常在夏季的日出前和日落后，出现在高纬度地区的大气中间层。

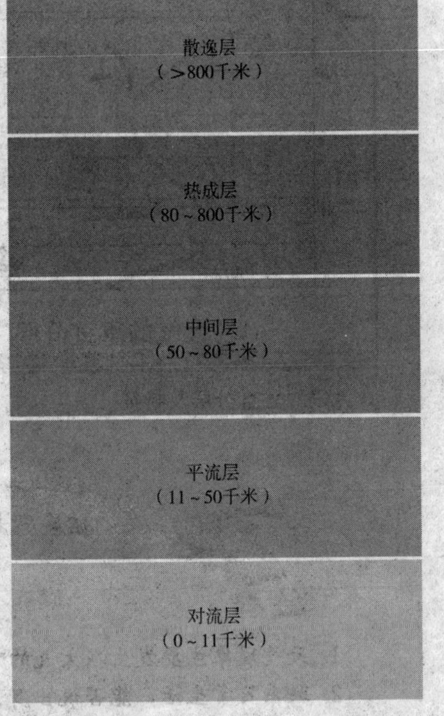

◆大气分层

位于地表上方80千米到800千米的大气中富含氧原子，空气处于高度电离状态，这一区域的大气我们称之为热成层。不难想到，热成层的大气密度很小，而且其质量仅占大气总质量的0.5%。当太阳紫外线抵达地球时，会被该层的氧原子强烈吸收，因此随着高度的增加，气温迅速升高。在300千米的高度处，气温甚至可超过1000℃。因此，热成层又被称作增温层、电离层。此外，它还可以反射一定波长范围的无线电，在近代无线电通信的发展中起了重要作用。

从地球表面上方800千米一直延伸到20000千米高空，是由电离气体组成的广阔而又极其稀薄的大气层，该层大气温度非常高，粒子运动很快，加之离地心又远，地球引力作用较小，所以这一层的空气粒子一旦相

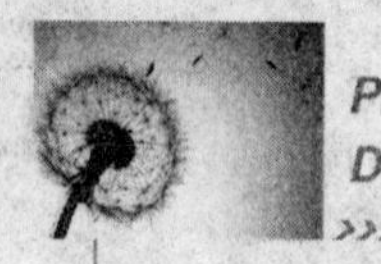

互碰撞就能获得较高的速度，会像一枚枚小导弹一样飞离地球，散逸到宇宙空间而不受阻碍，故被称为散逸层，亦被称作地冕。

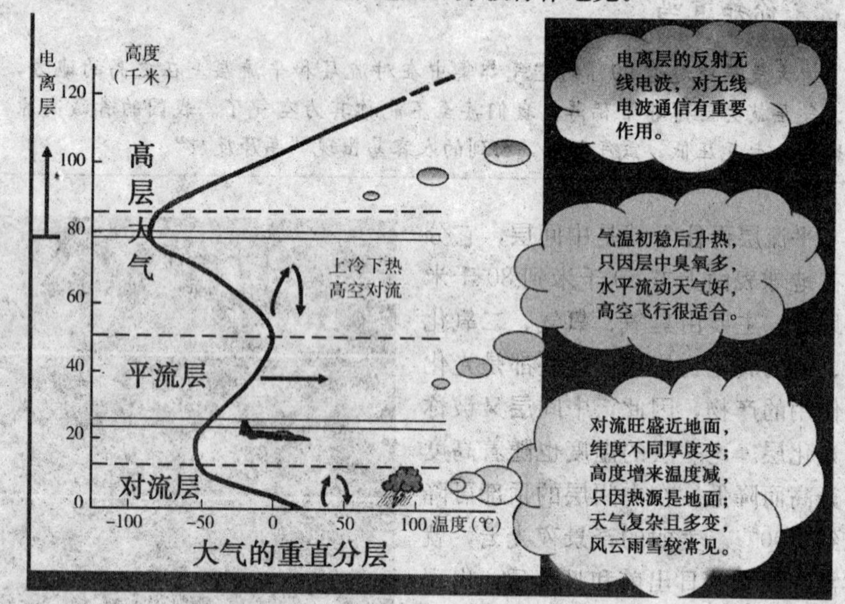

◆大气的垂直分层及特征

1. 天气现象主要发生在大气的哪一层，为什么？

2. 联系日常生活，能否说出身边出现的大气逆温现象？它对我们的生活有什么影响？

3. 查阅资料，看看电离层在现代无线电通信中的作用。

蓝色汪洋
——大气层的颜色

早在1666年，牛顿利用三棱镜做的那个著名的色散实验就告诉我们，白光并不是那么“纯”，它是由红、橙、黄、绿、蓝、靛、紫7种色光组成的。透过云层的阳光是白色的，可是，为何晴朗的天空却不是白色而是蓝色的呢？夏天的一场雨后，我们发现天空变得更蓝了。而在污染严重的地区天空却是灰色的，这是什么原因呢？让我们一起来探索一下其中的奥秘吧。

◆蓝色的天空

天空的颜色

天空中出现的各种色彩，如朝霞的火红，虹的七彩缤纷，以及晴朗天空中的那一片蓝色海洋，都是阳光在不同的气象条件下，经过大气层时发生复杂的反射、折射、散射等形成的。阳光透过大气层到达地面会不断地受到空气分子和悬浮微粒的阻碍，光线就向四面散射开来。

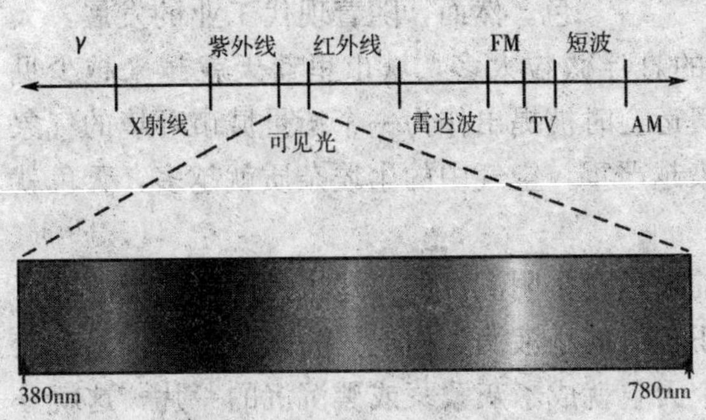

◆可见光光谱图

由于不同的色光波长不同（对可见光来说，从红光到紫光，波长逐渐变

◆著名物理学家瑞利

短，红光波长最长，紫光波长最短)，所以大气对不同色光的散射作用并不是“机会均等”的，而是波长越短，越容易被散射。英国物理学家瑞利在一百多年前就发现了这个规律，因而我们称它为瑞利散射。

研究发现，大气对蓝紫光的散射能力比红橙光大好几个数量级，前者大约是后者的10万倍。红橙光因为散射较弱，继续沿着原来的方向前进照向大地。在散射光中，蓝光和紫光占绝对优势，但由于我们的眼睛对蓝光比较敏感，所以我们看到的就是一片蔚蓝色的天空。

◆灰蒙蒙的天空

可是在很多的时候我们看到的并不是蔚蓝色的天空，而是一片灰蒙蒙的天空，这是为什么呢?

原来，大气中主要是大气分子和微小的悬浮微粒使光发生散射。当大气中存在较多的水滴和固体微粒时，各种色光被散射的程度没有太大的差别，散射光混合后我们看到的仍是白色。然而，随着现代工业的发展，大气污染越来越严重，空气中的悬浮微粒太多，城市里蓝天就越来越少见了。“蓝天指数”在2008年奥运会时被提出作为一个衡量城市环境的气象指标，其原因就是，大气污染越严重，空气中的尘埃杂质就越多，天色就越加的“灰白”。

我们都知道大雨来临之前天色总是阴沉沉的，这也是同样的缘故：下雨前空气中富含密集的、体积较大的小液滴，构成了一张散射网，只有较少一部分光线散射出来，整个天空就成了灰蒙蒙或黑沉沉的一片，这就是所谓的“黑云压城”。

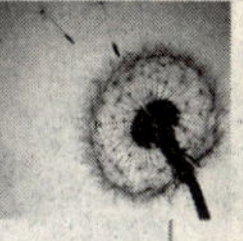

如果天空是十分纯净的，没有大气和其他微粒的散射作用，那么，除了能看见太阳、月亮、星星以外，整个天空的背景将是一片黑暗。

知识库蓝天指数

“蓝天指数”是浙江舟山首先推出来的一个天气气象指数。它是指在天气晴朗或无雨的条件下，以正常肉眼能看到的天空蓝色程度的等级划分。如果天气晴朗，空气中没有太多的尘埃等悬浮微粒，那么天会更蓝，说明当地的空气质量好，没有受到太大污染。

“蓝天指数”共分为五个预报等级：一级最高（天色碧蓝或蓝）、二级（天色淡蓝）、三级（天色微蓝或有点蓝）、四级（有可能出现蓝天）、五级（有云层覆盖，出现蓝天的可能性较小）。目前“蓝天指数”已经推广到全国各地，气象局认为“蓝天指数”能够提高大家的环保意识。

怎样使“蓝色指数”更高？

大气中的悬浮微粒，直径在0.01～100微米的被称为气溶胶。来自大自然的气溶胶主要有火山喷发的尘埃，被风吹到空中的海水蒸发后剩下的盐粒，植物的孢子，流星产生的微粒和宇宙尘埃等。现在，气溶胶中来自人类活动的成分更多了，如煤炭、石油及其他矿物质燃烧的废气，汽车、工业生产排放到大气中的烟尘等。局部地区的气溶胶污染还造成了城市的环境恶化，严重影响了人们的生活质量。例如，大气的能见度低，天空越来越多的时候是“灰蒙蒙的”，在夜间很少能够看到“繁星点点”的景象。

那么怎么才能使天空变蓝，使“蓝天指数”等级更高呢？

最主要的措施就是减少污染物的排放。比如汽车尾气，废气排放前要进行处理，工厂的废气也应处理后再排出。此外，还应严禁滥砍滥伐，完善相关的法律法规。

环保是每个人的责任，我们应该从身边的小事做起。让我们一起行动，让蓝天更多！

重于泰山
——大气的重量

蓝鲸是现在地球上最大的哺乳动物，它有庞大的体型和重量，据记载，科学家精确测量过的最大的蓝鲸达177吨。而世界上最轻的鸟——蜂鸟仅重2克。不管是蓝鲸，还是蜂鸟，不管是流水还是石头，它们都是有重量的。你可曾想过时时刻刻围绕在我们身边的空气是否有重量呢？如果有重量，那我们的空气有多重呢？

◆地球上最重的动物

大气的组成

通常我们将大气称作空气。跟石头和水一样，空气也是一种物质。虽然我们看不见它，但它时刻都充斥在我们周围。即使再小的空间和狭缝，都充满了空气，构成了一片看不见的空气汪洋。

那么空气由什么组成呢？

自然界中的所有物质，无论是固体、液体还是气体都是由极微小的粒子——原子或分子所构成。空气也不例外，它是由氧气、氮气、二氧化碳气体和惰性气体等多种气体组成的混合物。所有这些气体，都是由原子或分子构成的。

> 原子非常微小，5000万个原子排成一列，其长度也只有1厘米。多个原子相互结合就构成了分子。

在气态物质中，分子和分子之间的距离很大，相互之间的约束力

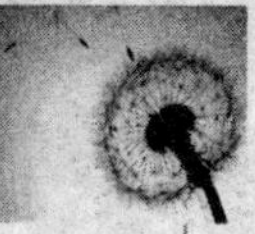

很小，所以气体分子是可以自由运动的，在空气中也是这样，各种气体分子在这广阔的空间中尽情游弋。空气是没有形状的，它可以充满整个空间。

知识窗

现代大气的主要成分（体积百分含量）：

氧　气：20.95%　　　氮　气：78.09%

氩　气：0.932%　　　二氧化碳：0.03%

其　他：0.07%（氖、氦、甲烷、氪、氢气、臭氧、一氧化碳等）

大气有多重

所有的物质都有重量，空气也有重量，但我们如何“眼见为实”，证明空气是有重量的呢？

我们可以尝试动手做一做下面栏目中的小试验。通过这个小试验，我们不难发现，空气也是有重量的。不过空气的重量很小，而且取决于大气的密度。一般来说，大气密度随高度的增加逐渐减小。此外，大气密度与气温、气压和空气湿度等因素也有关。

动手做一做

空气有重量吗？

买两个相同大小的气球，给其中一个充气，另一个不充气。然后将两个气球分别放到已调平的天平的两个托盘上，观察天平的指针是否有变化？

其实，最早注意到空气有重量的是意大利科学家伽利略。他将一个空瓶密封起来，放在天平上，与一堆沙子平衡。然后，他用打气筒给那个瓶子灌气，并再次加以密封。当伽利略把这只瓶子再放到天平上去时，天平失去了平衡，偏向了瓶子这一侧。于是伽利略推断，瓶子重量增加是因为里面的空气增多了，因此，空气是有重量的。

知识窗

大气层中99.9%以上的质量在50千米以下，科学计算表明，大气的重理约为5.3×10^{15}吨，相当于5座喜马拉雅山的重量。

小趣闻——卖空气，称斤两

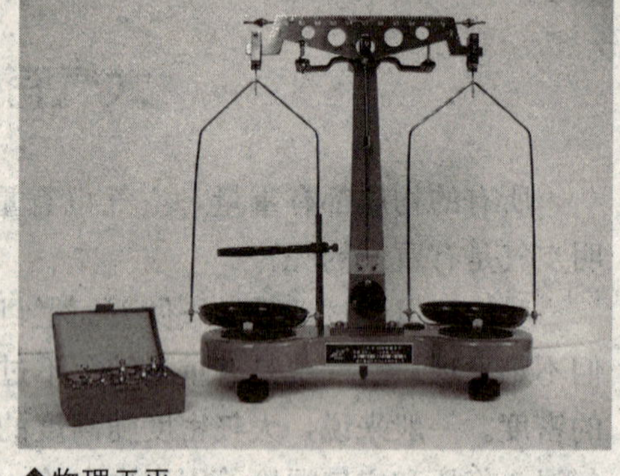
◆物理天平

20世纪初的英国，飞机刚刚问世，所以人们对飞行员十分敬重。有一次，一位飞行员驾驶一架飞机从法国飞往英国。飞机在英国的一个小镇附近降落，飞行员受到当地人们的热烈欢迎。人们把他当作英雄，许多崇拜者在饭店里设宴招待他，不少人闻讯后特地从远方赶来，请他签名留念。

当时，有一位商人见此情境，便灵机一动，想到饭店里的空气将因为飞行员的呼吸而变得十分值钱，如果把这饭店里的空气装入小瓶，当做纪念品出售，将会是一笔十分可观的收入。于是商人立即将饭店老板叫了过来，说要把这饭店里的空气全部买下来。老板吃惊地望着商人，但看着商人一本正经的样子，便只好说："好吧，每1立方米10元，整个饭店内的空气就算1000立方米，你就付10000元吧！"

可是商人却说："卖空气哪能论体积，应该按重量。每1千克空气，我付10元。"老板心想，反正空气会不断流出来，也就痛快地答应了。这时，老板的一位朋友对他说："你真傻，你给商人骗了。空气能有多重呢？你把整个饭店里的空气全卖给他，也没有几个钱。再说，对空气怎么称呀？"

无形大力士——大气压力

◆创意吸盘文具

潜水员潜水时都要穿着专业的潜水服，潜水服的作用之一就是保护潜水员抵抗水底巨大的压强。宇航服的一个作用也是给宇航员一个小范围的加压气密环境，防止在真空低压的环境下，血液中的氮气析出，给宇航员的生命带来危险。

由此看来，人们只适应在目前所处的大气压力的环境下生活。即使只是从平原到高原，高原过低的气压也会使人们出现诸多的身体不适，如心率加快、呼吸加深、血压轻度异常等。人们的生活离不开大气压，我们时时刻刻都在进行的呼吸都跟大气压密切相关。那你了解大气压吗？

什么是大气压力

1954年第十届国际计量大会决议声明，规定标准大气压值为：1标准大气压＝101325牛顿/平方米

在大海底部的海水或生物，要承受其上方所有海水的重量。同样，在我们生活的这一片广阔的“空气海洋”中，我们也要承受上方所有空气的重量。从本质上看，大气压力是由空气的重量产生的。

那么大气压力的分布有什么规律呢？由于大气压力的大小与它承担的空气重量有关，所以最底层，也就是海平面上的大气压力是最大的。随着海拔高度的增加，大气压力逐渐减小。但是需要注意的是，由于空气可以

自由自在地流动，它的压力并不仅仅是垂直向下的，而是均等地作用于各个方向。

在海平面上，空气施加在我们身体上的压力大约是1标准大气压，这个压力相当于将1千克的物体放在指尖上产生的压力。但为什么我们的身体并没有被这样的压力压扁呢？

这是因为，在我们的身体组织中，有许多微小的气孔，这些气孔将我们的身体内部与外部大气连通，使得身体内外受到同样的大气压力，得以平衡，所以我们才没有被压扁。

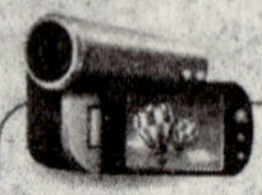

万花筒

大气压力造成的生理反应

大家应该都有过这样的体会，就是在电梯里，当我们迅速上升时，就会感觉耳朵里会有嗡嗡的声音，甚至有时候还会出现轻微的耳鸣现象。这是因为在电梯里，身体不能马上适应体内和外界的压力差。

实验——感知大气压力

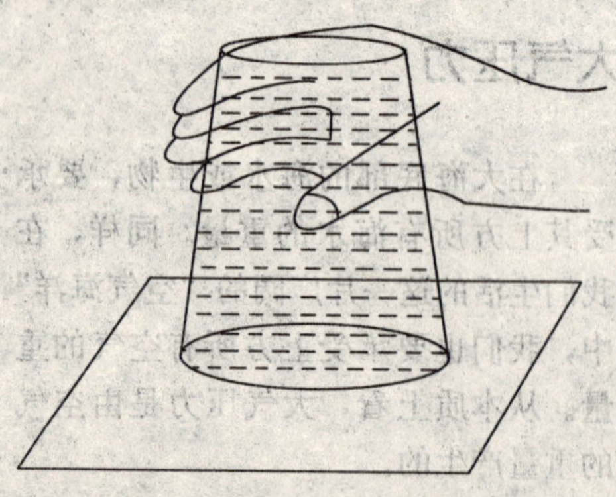

◆用水杯检验大气压的存在

将一个玻璃杯装满水，然后用一张稍硬的纸板沿着杯口从一边推向另一边，将整个玻璃杯覆盖住，用手按住纸板，将玻璃杯翻转，然后将按住纸板的手移开，这时候纸板和杯中的水会怎样呢？

我们看到纸板与杯子连在一起，而且没有水从杯中漏出。这是怎么回事呢？

原来是大气压在“从中作梗”。因为空气压力作用于任何方向，它从下而上对纸板底部施加的力，大于或等于水和纸板所受的重力，因此，纸板没有掉下来，水也没有漏出。

不同地点的大气压力相等吗?

大气压力除了随着高度的增加而降低外，还要受到温度和空气湿度的影响。气温升高时，空气密度减小，大气压下降。一般说来，阴雨天的大气压比晴天小，大气压突然降低预示着原本晴朗的天气即将下雨；而下雨天发现大气压变大，则可以预计天气即将转晴。所以在天气预报中，气压变化是一个很重要的参考因素。

知识窗

高、低压区

高压区——大气中气压较邻近地区高的地带

低压区——大气中气压较邻近地区低的地带

知识库——大气压的发现

很早以前人们就注意到，只要把水管里的空气抽走，水就会沿着水管往上流。同时，人们也发现了，用来输送水的虹吸管，当它跨越高度为10米以上的山坡时，水就输不上去了。类似的，对于超过10米深的井，抽水泵就不起作用了。那时，人们还无法解释水为什么会往上流，就用古希腊哲学家亚里士多德的名言“大自然讨厌真空”来解释这一现象。可是为什么水到了10米高的地方就再也上不去了呢？对此，伽利略当时给出了一个牵强附会的解释：大自然对真空的厌恶是有限的，对10米以上的真空，他就不厌恶了。

◆伽利略·伽利莱1636年的肖像

◆托里拆利塑像

正所谓长江后浪推前浪，一浪胜一浪。伽利略的学生托里拆利认为，既然空气有重量那么就会产生压力，就像水有重量会产生压力和浮力一样。正是空气的压力把水从管子里往上压，当管子里的水到达10米的高度时，水柱所受的重力正好等于空气的压力，所以水再也压不上去了。后来托里拆利设计了一个实验，验证了大气压的存在，并测出了大气压的数值。这个实验后来就被称作托里拆利实验。而实验所用的装置，就成为了世界上第一个测量大气压强的气压计。

1. 想一想生活中有哪些地方利用了大气压力？

2. 温度高的区域相比于温度低的区域气压低，可气压突然升高却预示天气将转晴，这两者矛盾吗？

3. 从大气压的发现，我们能够得到什么科学启示？

4. 设计一个小实验证明大气压力的存在。

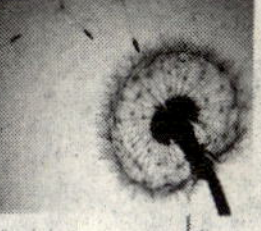

给大气压“称重”——测量大气压

1654年，随着居里克在马德堡市郊做的“大型实验”——著名的马德堡半球实验的一声巨响，人们从对托里拆利的嘲笑中醒悟过来，不仅意识到有真空——上帝不像亚里士多德说的那样厌恶真空，还有大气压力，而且大气压力的大小远远超过人们的想象！接着人们发明了各种各样的仪器来测量这个“隐形”巨人，这种仪器就叫做气压计，在这一节里让我们一起来了解一下吧。

◆马德堡半球实验想象图，加斯帕·史考特绘制

马德堡半球实验

上面这幅图所展示的就是著名的马德堡半球实验，马德堡半球（德语：Magdeburger Halbkugeln)，亦称作马格德堡半球。事情发生在1654年，当时的马德堡市市长奥托·冯·居里克是一个博学多才、热爱科学的市长，他发现在托里拆利实验后还是有很多人不相信大气压，并且在暗暗嘲笑托里拆利。

他重新做了一遍托里拆利的实验，并且将一个密闭木桶中的空气抽走，结果木桶被“大气”压碎了，于是他坚信，大气压是存在的。在其助手的协助下，居里克在今德国雷根斯堡，进行了一项大型的科学实验，不

◆当年进行实验的半球

仅证明了大气压的存在，而且还说明了大气压力的大小远远超出了人们的想象。

当时的德国皇帝费迪南三世对科学也有浓厚的兴趣，很喜欢观看一些神奇而有趣的实验，所以居里克便想在皇帝面前展示自己所发明的真空泵的威力，同时也说服人们相信大气压是存在的。他制造了两个直径 51 厘米的红色铜制半球，半球中间有一层浸满了油的皮革，用以让两个半球能完全密合。接着他用他自制的真空泵将球内的空气抽掉，此时两个沉重的铜制半球在没有任何粘着剂的辅助下紧密地合二为一，让人十分惊讶，但这还只是居里克精彩实验的前奏。

为了证明两半球的结合是多么紧密、扎实，他先安排了四位身强力壮的壮汉拿着绳子朝相反方向使劲拉铜球，但铜球丝毫没有分开的迹象。于是，居里克用四匹马代替壮汉，然后又不断的增加马匹，直到每侧加到 7 匹马，铜球依然没有被拉开。最后，居里克又牵来 2 匹马，这样每侧马的数量达到了 8 匹。此时的广场上，只听到骑手们策马的皮鞭如爆竹炸响，只见到数不清的马蹄将地面蹬得尘土飞扬。忽然，“嘭”一声巨响，铜球终于成功地被分开。两侧的马匹则各自带着一个半球冲出了好几百米远。实验场上的人们对这一精彩实验报以持久的掌声。马德堡半球实验不仅令皇帝感到惊喜，也让居里克一夕成名。

那么大气压究竟有多大呢？如何才能知道它的大小呢？

链 接

当年进行实验的两个半球现保存在慕尼黑的德意志博物馆中。现在供教学使用的仿制品比当年的半球小巧很多。

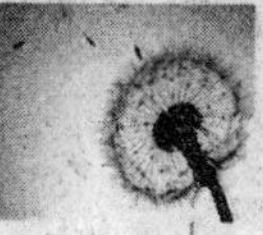

如何测量大气压力？

气压计是根据托里拆利实验原理制作的测量大气压强的仪器。托里拆利实验中用的那根水银管可以说是科学史上第一个气压计。

由于托里拆利的实验装置不方便携带，人们将它改进成了虹吸气压计——利用封闭端和开口端的液面高度差来测量大气压。在气压计后来的发展史上，胡克的轮式气压计比较有名。他设计了一种装置，有了它之后，U形管中的液面高度的微小变化都能够通过这个装置的指针的旋转显示出来，这个就是胡克轮式气压计。现在我们常见的气压计有无液气压计和盒式气压计。通常多数室内气压计都是盒式气压计。

小贴士——盒式气压计原理

盒式气压计的主要结构是一个由薄金属片组成的盒子，其发明人是路辛·维蒂（Lucien Vidie）。金属盒子是一个近似真空的薄壁盒子，如果大气压力发生变化，金属盒子就会发生形变，机械指针可以反映出金属盒内容积的变化。气压升高时，金属盒受挤压，容积减小；气压降低时，金属盒向外膨胀，容积增大。盒式气压计正是如此来测大气压力的数值的。

◆盒式气压表

讲解——水银气压计

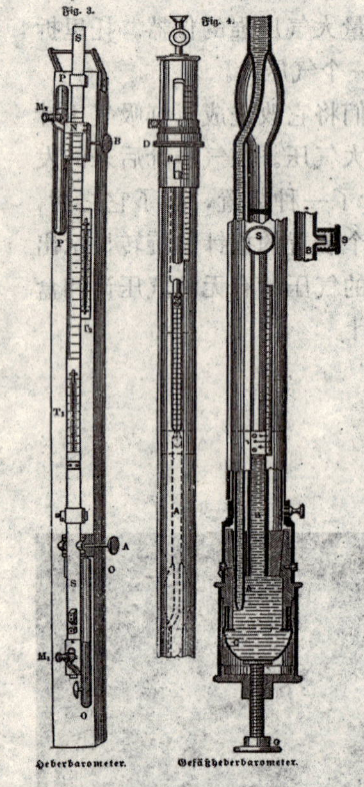

◆19 世纪的水银气压表

还有另外一种气压计——水银气压计。它是350多年前，由意大利科学家托里拆利（1608～1647年）发明的，是最早的气压计。托里拆利将一支一端封口，长1米的玻璃管里灌满水银后，倒置在一个装满水银的水槽中，水银柱保持在760毫米左右的高度。玻璃管的横截面积为1平方厘米，那么大气压力与这段水银柱受到的重力相等。水银的密度是13.6千克/立方米，那么大气压力就等于水银柱体积×水银密度×重力常量。托里拆利假设这个值为常压（即一个标准大气压）。

水银气压计因其能够满足精确测量的需要，如今仍广泛应用于气象站等对测量结果有较高要求的地方。

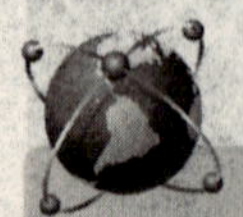

广角镜——其他类型的气压计

液体气压表 液体气压表和托里拆利水银气压计的原理类似。它由两部分组成，一个是上端密封、下端开口的管，一个盛满同样液体的容器。将管内灌满液体，倒立插入容器中的液面以下，液体在重力的作用下，会有一部分液体向下流出，但在大气压的作用下液体会在管内保持一定的高度。根据液面高度的变化，

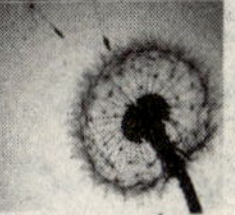

我们能够测量出大气压力。

◆约翰·沃尔夫冈·冯·歌德

歌德气压表 歌德气压表是液体气压表的一种，它的设计精美，由一个密封的、外形优美的主容器，和从主容器的下方连出的一个小的、向上开口的管子组成。低压时管内的液体会升高，高压时管内的液体会下降。精巧的外形使很多人把它当做装饰品。歌德曾经有过这样一个气压表，这种气压表因歌德而得名，但这种气压表是谁发明的今天已经无从考证。

风镜气压表 风镜气压表是罗伯特·菲茨罗伊发明的。风镜气压表内有樟脑在乙醇溶液中，随气压和气温的不同它可以结晶。高压下晶体溶解，低压下结晶，溶液浑浊，可以根据结晶的多少判断气压的高低。

拓展思考

1. 标准大气压是多少？
2. 找找你身边的气压表，用它来测一下大气压，并尝试解释它的原理。
3. 查找资料，了解一下最先进的气压计。

地球的保护伞——臭氧层

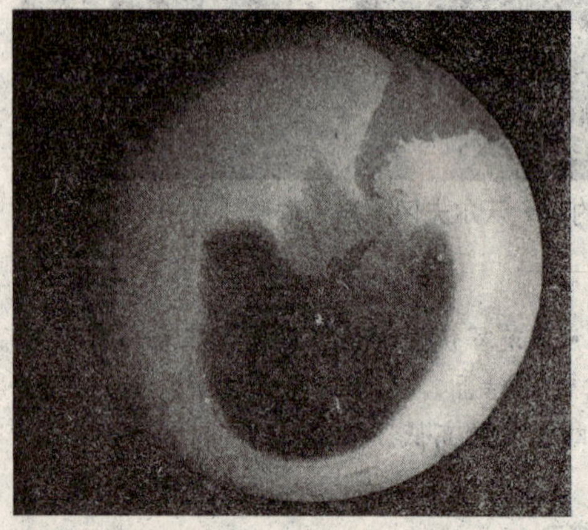

◆南极臭氧空洞

在天气预报的生活指数中有一项是紫外线指数，它告诉我们紫外线的强度。紫外线强时，皮肤容易晒伤。尤其是夏天，阳光“很毒”，进行户外活动之前，我们都要在裸露的肌肤上涂抹一些防晒的护肤品。当然，这些照射到我们身上的紫外线经过臭氧层后已经被大大减弱了，不难想象，要是没有臭氧层，人们几乎是无法在太阳底下行走的。可是随着现代工业的发展，一些化学物质被排放到大气中，对臭氧层产生了严重的破坏，南北极都出现了不同程度的臭氧空洞。修补臭氧空洞是人类面临的重大环境问题之一。

大气层中的臭氧

臭氧，是地球大气层中一种有刺激性气味的微量气体，在常温下一般呈淡蓝色，是平流层大气最关键的组成部分。

它是大气中的氧分子受紫外线的作用形成的。氧分子首先被分解为两个氧原子，氧原子和氧分子结合成臭氧。臭氧在距地球表面10～50千米的高度范围内形成了一个臭氧层，集中了大气中90%的臭氧。

那么整个大气层中究竟有多少臭氧呢？

据测量，臭氧的分布厚度约为10～15千米，相对于地球大气层的厚度来说，臭氧层是极薄的，只占整个大气层的百万分之几。若在0℃的标准

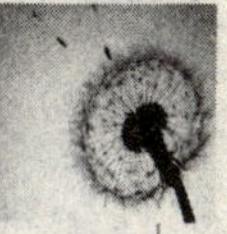

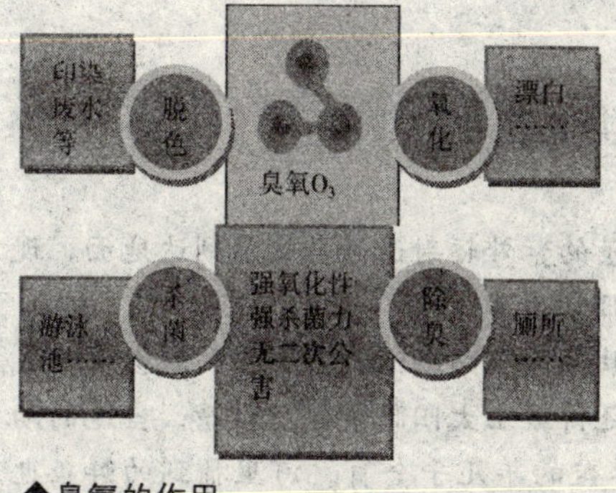

◆臭氧的作用

大气压下，将地表大气中的臭氧全部集中起来，总厚度也不过 3 毫米，相当于一个普通鞋垫的厚度。但就是这样薄薄的一层臭氧，吸收了来自太阳 99%的高强度紫外辐射。这些辐射中波长为 240～329 纳米的紫外线对生物细胞具有很强的杀伤作用。可见，臭氧层保护了人类和生物免遭紫外辐射的伤害。没有臭氧层的世界将无法设想。毫不夸张地说，臭氧就像水和氧气一样，是地球上一切生命所离不开的，大气中的臭氧是地球上一切生命名符其实的保护伞。

臭氧空洞

1984 年，英国科学家法尔曼等人在南极哈雷湾观测站发现：在过去 10～15 年间，地球南极上方的臭氧含量在逐渐减少。在 9～10 月份南半球处于春季时，南极上空的臭氧浓度下降更为明显。极地上空的中心地带有近 95%的臭氧被破坏，形成一个臭氧稀薄区，大量紫外线能够从这个区域辐射到地球表面，这个区域就像是一个“洞”，“臭氧洞”由此而得名。这是人类历史上第一次发现臭氧空洞，此时的臭氧空洞呈椭圆形，大小和美国的国土面积相当。1985 年，科学家在北极调查时，发现北极上空的臭氧层也遭到了破坏。近年来青藏高原上空的臭氧层也变得越来越稀薄。“三极”成了地球上臭氧层破坏最严重的地方。臭氧空洞越来越大，危害越来越严重，已经引起了全社会的高度重视。

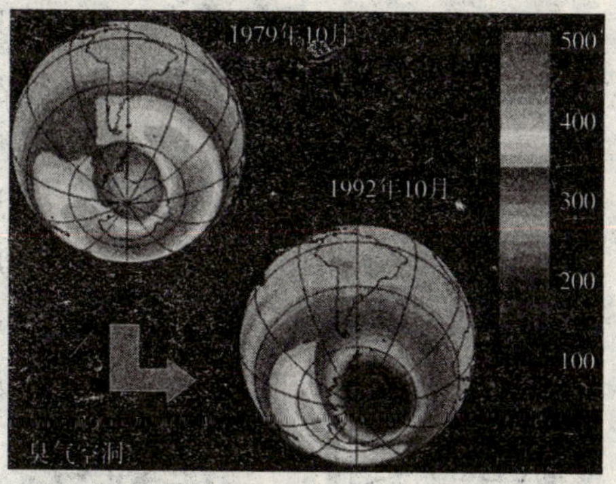

◆南极上空臭氧空洞图

广角镜——臭氧空洞对智利居民生活的影响

由于南极附近臭氧层空洞的扩大，大量的紫外辐射透过臭氧层到达地面，现在已经影响到智利南端海伦娜岬角居民的日常生活。

当地居民不得不在出门前在暴露的皮肤上涂上防晒油，否则皮肤就会被晒成鲜艳的粉红色，并伴有痒痛。同时，他们还得戴上太阳眼镜保护眼睛。当地的动物多数患有白内障，成了“瞎子”。他们养殖的羊几乎全盲。河里捕到的鲜鱼也都是盲鱼。据说那里的猎人可以轻易地从地上拎起兔子来，因为兔子几乎也是全瞎的。

罪魁祸首——氟利昂

是什么如此迅速地破坏了臭氧层呢？

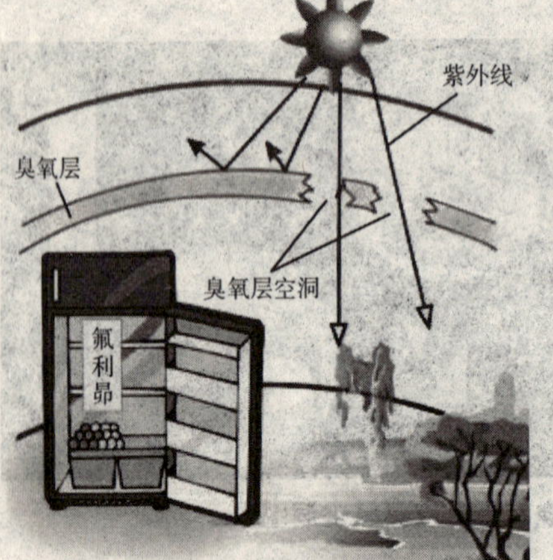

◆氟利昂对臭氧层的破坏

人类进行的各项生产活动向大气中排放了大量的各种各样的化学物质。这些物质进入平流层后，其中的一些成分可与臭氧发生化学反应，导致臭氧耗损，使臭氧浓度减少。在这些物质中，作为罪魁祸首的就是氟利昂。

氟利昂被广泛应用于空调和冰箱的制冷系统、电子清洗、灭火剂和发泡剂等。当氟利昂被排放到大气中，它可以在大气的对流层中非常稳定地停留很长时间。如果氟利昂扩散到平流层，就会在太阳的紫外辐射下发生光化反应，释放出活性很强的游离氯原子或溴原子。臭氧会在它们的催化下分解，在这一过程中，氯原子不受影响。因此一旦氯原子形成，可持续地促进臭氧分解，一个氯原子可破坏多达1万个臭氧分子。

友情提醒——紫外线的危害

美国“增加紫外辐射生物委员会”曾估计，臭氧含量减少1%，会使得紫外线的含量增加2.3%，皮肤癌的发病率增加5.5%。人体若直接暴露于更多的紫外辐射之中，皮肤会加速老化，白内障、呼吸系统传染、免疫系统缺陷和发育停滞等疾病的发病率也将大大增加。

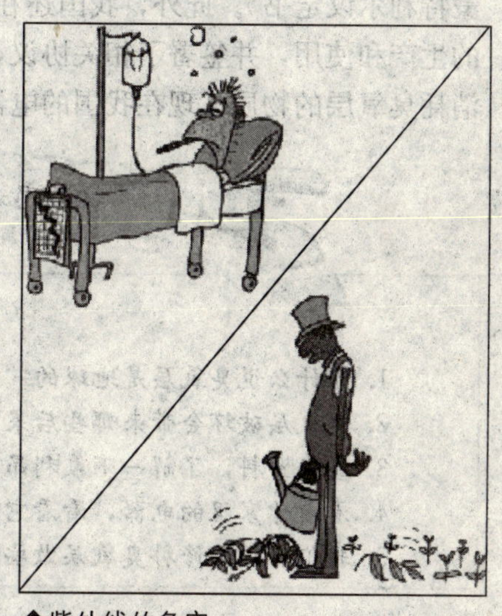
◆紫外线的危害

一些对紫外线敏感的植物也会受到巨大的影响。近十几年来，人们在对200多个品种的植物进行的紫外线照射实验中，发现超过三分之二的植物显示出敏感性。如果植物接受过多的紫外照射，植物的叶子将会逐渐变小，这将影响植物的光合作用。紫外线的增强会使橡胶、塑料等有机材料加速老化，油漆褪色等，以及加剧城市内烟雾的形成。此外，紫外辐射的增加对水生生态系统、生物化学循环、对流层大气的组成和空气质量等都有影响。

补天大行动

什么时候南极的臭氧空洞能够完全愈合呢？

臭氧层遭到破坏给人类带来的后果可能是灾难性的，当科学家揭示出人类活动已经造成臭氧层的损耗时，各主要工业国家在联合国的组织下迅速开始了“补天”大行动。

1977年3月，联合国环境规划署理事会在美国华盛顿哥伦比亚特区召开了有32个国家参加的“评价整个臭氧层”国际会议，这是第一个由于臭氧层问题召开的国际会议。1987年，由24个主要工业国家参与签订的《关于消耗臭氧层物质的蒙特利尔议定书》具有较广泛的影响力和约束力，

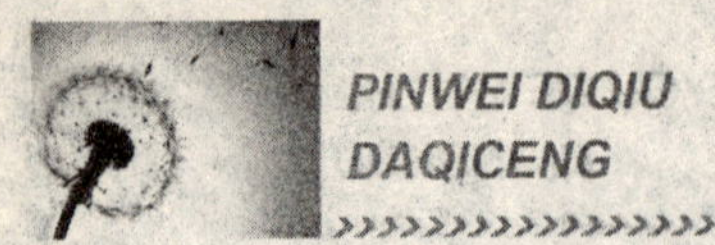

该书要求限制使用氟利昂等化学物质，防止对臭氧层产生进一步的破坏。

我国早在 1989 年就加入了《保护臭氧层维也纳公约》，先后积极派团参加了缔约国会议，并于 1991 年签订了修正后的《关于消耗臭氧层物质的蒙特利尔议定书》。此外，我国还在 2007 年颁布了相关方案，禁止氟利昂的生产和使用，并签署了相关协议，做出了承诺，将于 2010 年前全部淘汰消耗臭氧层的物质。现在我国的电器生产已基本进入了“无氟时代”。

1. 为什么说臭氧层是地球的“保护伞”？
2. 臭氧层破坏会带来哪些后果？
3. 查查资料，了解一下氟利昂的来龙去脉。
4. 看看你家里的电器，看看它们是否都是“无氟”的？
5. 我们应该为修补臭氧层做些什么？

且听风吟

——大气运动

相传，很久以前，在遥远的古希腊有四兄弟，被巨石困在了天边的山洞里。若干年后的某一天，也不知是哪一位神，好心地搬走了堵在洞口的大石头。于是，兄弟四人以迅雷不及掩耳之势立刻冲出山洞，向四方奔去，刹那间，空气剧烈翻滚，呼啸的风便这样产生了。向东的叫赛弗勒斯，人们把他带来的风称作西风；向南的叫勃里阿斯，给世间带来了北风；向西的叫孟勒斯，他带来了东风；向北的叫诺特斯，给人们带来了南风。据说，他们这一跑，就再没有停下来，于是他们带来的各种风便吹向了世界各地……

我们平日感知到的风，真的是这四兄弟带来的吗？让我们怀揣着这个问题，一起走进这一篇章，去探个究竟！

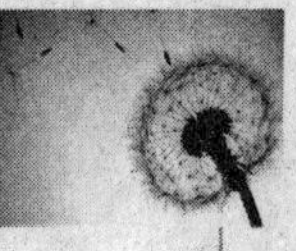

看不见的温柔——风

谁也没有看见过风，不用说我和你了。但是树叶颤动的时候，我们知道风在那儿了。

谁也没有看见过风，不用说我和你了。但是树梢点头的时候，我们知道风刚走过了。

谁也没有看见过风，不用说我和你了。但是河水起波纹的时候，我们知道风来游戏了。

——《风》叶圣陶

◆风的痕迹

什么是风?

◆熊熊火光

冬天，炭炉里火光熊熊。如果我们将一根小小的羽毛放到炉口附近，然后松开手，羽毛便会消失在火焰里。是什么让羽毛落进了壁炉的火焰里呢?

原来，因为热空气比冷空气轻，所以它总是会不断地向上升。而炭炉里的空气自然比周围热，于是被火加热的热空气就会夹杂着烟尘往上升。这个时候，房间里的冷空气便会涌入火炉，羽毛就是这样被冷空气给卷了进去。

所以呢，风，其实指的就是流动的空气。它能带来云和雨，使土地变得滋

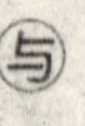

润、肥沃；它可以传播植物的花粉和种子，甚至可以将小型生物和昆虫从一处带到另一处，成为传播生命的使者；在炎热的日子，它还能给我们送来清凉和惬意。

> 在地球上，风是由空气的大范围运动形成的。那么在外层空间，你知道风又是如何产生的吗？

风，虽然我们看不见，摸不着，但它却时刻影响着我们。尤其是航海事业出现后，风对人类的影响就更加明显。例如，如果没有风作为动力，郑和不可能下到西洋，哥伦布也没办法仅靠着他的帆船发现美洲大陆。

然而风也有其暴虐的一面。有时，它会形成风暴，如龙卷风、台风等，当这类风从地面席卷而过时，所到之处无不哀鸿遍野，狼籍一片。

链 接

风力歌

零级烟柱直冲天，一级轻烟随风偏。
二级轻风吹脸面，三级叶动红旗展。
四级枝摇飞纸片，五级带叶小树摇。
六级举伞步行难，七级迎风走不便。
八级风吹树枝断，九级屋顶飞瓦片。
十级拔树又倒屋，十一二级陆少见。

风的形成

地球上任何地方都在吸收太阳辐射的热量，但是由于每个地方受热的不均匀性，空气的冷暖程度就会不一样，因此，相对而言，就有了冷空气和暖空气一说。温度相对较高的暖空气受热膨胀变轻后上升，冷空气冷却变重后下降，这样冷暖空气间便产生了流动，形成了我们所说的风。可见对于地球而言，太阳就是那个不断给空气加热的火炉。

在赤道和低纬度地区，太阳高度角大，日照时间较长，辐射强度大，因而，这一地区的地面和大气接受的热量一般会比较多，相应的温度也会较高。而高纬度地区，由于太阳高度角小，日照时间短，辐射强度自然就弱了许多，因而地面和大气接受的热量就会少一些，相应的温度也低一些。

◆冰岛上冉冉升腾的水蒸气

于是，这种高纬度与低纬度之间的温度差异，便形成了南北之间的气压梯度——在冷空气下沉的地方形成了高气压区，热空气上升的地方形成了低气压区。而空气又总是从高压区向低压区移动，所以，我们平日所感知到的拂面而来的风——沿水平气压梯度方向，即垂直等压线从高压吹向低压，便这样形成了。

知识窗

风速的纪录

1934 年 4 月 12 日，在美国新罕布什尔州华盛顿山上测得的时速 416 千米/小时的强风，是迄今为止在地球上测得的最大风速。

广角镜——风向风速的决定因素

按照上面所说的，似乎只要气压梯度确定了，风的方向就确定了。然而，实际的情况比这要复杂得多，那么我们要怎么才能知道风究竟吹向了何方呢？

原来，地球大气的运动，除了受到气压梯度力作用外，由于地球的自转，还会受到地转偏向力的作用。这种力会使北半球气流向右偏转，南半球气流向左偏转。大气的真实运动恰是这两种力相互影响的结果。对于地面风，则不仅受这两个力的支配，它很大程度上还要受海洋、地形的影响。山隘和海峡能改变气流运动的方向，并能使风速增大。而丘陵、山地则会使风速减小。然而，孤立的山峰却因海拔高而能使风速增大。此外，其他的下垫面对风也有影响，如城市、森林、冰雪覆盖地区等。总的来说就是：光滑地面或摩擦小的地面使风速增大，粗糙地面使风速减小。

可见，风向和风速的时空分布受很多因素影响。

风的功过是非

◆风与农业

风，虽然看不见摸不着，但时刻在影响着我们。俗话说：风起云涌。正是这南来北往的风，把热量和水汽从一个地方输送到另一个地方，使得一个地方不会一直冷下去，另一个地方也不会一直热下去，于是才有了今天适于人类居住的地球环境。

风所蕴含的能量亦是源源不断、用之不竭的。在内蒙古高原、东北高原、东南沿海以及内陆高山，都具有丰富的风能资源。

> 防御风害，可以通过培育矮化、抗倒伏、耐摩擦的抗风品种来实现。此外，营造防风林、设置风障等亦是有效的防风方法。

然而，风对农业也会产生消极作用。例如，它能传播病原体，蔓延植物病害，特别是高空风提供了粘虫、稻飞虱、稻纵卷叶螟、飞蝗等害虫长距离迁飞的气象条件。大风还会使作物的叶片机械擦伤、作物倒伏、树木折断、落花落果，从而影响产量。大风亦会造成土壤风蚀、沙丘移动，从而毁坏农田。此外，由海上吹来含盐分较多的海潮风、焚风和干热风，都会严重影响果树的开花结果。

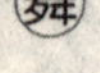

广角镜——风能

风能是因空气流做功而提供给人类的一种可利用的能量。空气流速越高，动能越大。人们可以用风车把风的动能转化为旋转的动力推动发电机，以产生电力，方法是通过传动轴，将转子（由以空气动力推动的扇叶组成）的旋转动力传送至发电机。

到 2008 年为止，全世界以风力产生的电力约有 94.1 百万千瓦，供应的电力已超过全世界用电量的 1%。风能虽然对大多数国家而言还不是主要的能源，但在 1999 年到 2005 年之间已经增长了四倍以上。

拓展思考

1. 我国的风力发电站都有哪些？
2. 如何测出风速？
3. 查查资料，了解一下哪些风能给我们带来灾难？
4. 你知道哪个国家的风车最多吗？

不离不弃
——那些陪伴地球的风

◆哥伦布及其船队

地球大气是我们最亲密的朋友，它有重量，有浮力，却没有实际的形体。于是，它通过不停的运动来让我们感知它的存在，感受它那无限的温柔。不仅如此，它们还日复一日、年复一年地围绕着地球，久久不肯离去。让我们去看一看，到底都有哪些风对地球怀着无限的眷念吧！

最初的发现——信风

古代航海家使用的帆船，没有动力装置，全靠风力推动。因而，人们很早就发现，地球上有些地带的风向几乎是全年固定不变的。这是为什么呢？

历史上著名的航海家哥伦布，驾驶帆船，四次横渡大西洋，发现了美洲大陆。他能有如此伟大的成就，可多亏了信风的帮忙！

原来，在赤道地区，太阳几乎全年都是垂直照射的，因此赤道上空的空气比地球上其他地区要热很多。赤道地区的空气受热膨胀上升，向两极方向流动。运动到纬度 30°附近的区域，一部分空气会下沉回到赤道地区。这就是最早被人们发现的围绕着地球的风——信风。

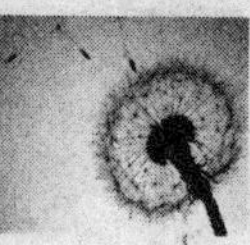

知识库——贸易风

◆伦敦哥伦布塑像

哥伦布是第一个全面了解并充分利用大西洋上有规律风系的探险家。他从小就迷恋船舶和航海，据说，他从14岁起，就开始了航海生涯。在发现新大陆前，他已有几次航海经验。就是凭借着这些经验，他发现低纬度地区总是吹东风，较高纬度地区则经常吹西风，所以哥伦布寻找新大陆的第一次旅行，先是沿着加那利群岛（约北纬28°），巧妙地借助东风向西驶去。在返回西班牙的时候，他先向北行驶到亚速尔群岛沿海（约北纬39°），然后张满风帆，借助西风顺利地返回了欧洲。

后来，人们发现，哥伦布利用的这种低纬度东风，南北半球都有。北半球以东北风为主，南半球以东南风为主，年年如此，就仿佛一个遵守承诺、讲信用的绅士，因此人们就将这种风称作信风。而古代商人借助信风，来往于海上，进行贸易活动，所以信风也被人们称作“贸易风”。

其他的风

◆风留下的印记

自从发现新大陆后，由于新大陆上没有马，农耕和运输都很不方便，因此欧洲商人开始组织大批的船队，将马运往美洲大陆。可是每次当船队穿过信风带沿着北纬30°附近大西洋航行时，海面上常常死一般的寂静，不仅没有风，还闷热异常。靠风力推动的帆船，只能无可奈何地在原地打转，有时甚至一等就是十天半个月，许多马匹因在海上缺乏淡水和饲料而死亡。

这种情况在南纬30° 附近海面也屡有发生。于是这一无风地区就被海员们称作“马的死亡线”。

可是，当跨过了这条“死亡线”，进入中纬度海域时，马上又会遭遇一股猛烈的与低纬度地区风向相反的风！这到底是怎么一回事儿呢？

原来，在北半球赤道地区的高空，大气由南向北运动，但由于地球自转的关系，地转偏向力迫使气流右偏，于是南风偏转为西南风。这股气流在到达北纬 30°附近时，风向已经偏转到与纬线平行，再也不能继续向北移动，于是气流就在北纬 30°左右高空不断堆积，进而下沉，在下沉的过程中，气温不断升高，气流中的水汽不断蒸发，因此，这一带的天气一般都晴热干旱，弱风甚至无风，这个区域就是地理上的副热带高压区。16 世纪，令商人们大惊失色的马纬度，就在这附近。在这一纬度下沉的气流，一部分向南流回赤道，另一部分向北移动，偏转成西南风，即是水手们遭遇的猛烈的西风。

后来，人们经过大量的观察和研究，发现大气运动是有规律的，从赤道到两极都有风围绕着地球。于是人们根据这些风的特点，将地球划分为 6 个风带，这 6 个风带上的风始终围绕着地球，不离不弃。

知识库——风带和气压带的形成

风带和气压带是各地天气变化和气候形成的重要影响因素。那它们到底是怎样形成的呢？

从北半球来看，赤道地区上升的暖空气，在气压梯度力作用下，由赤道上空流向北极上空，形成南风，在地转偏向力的影响下，南风会逐渐右偏成西南风。在北纬 30°附近上空西南风会彻底偏转成为西风，来自赤道上空的气流，便不能再继续北流。而赤道上空的空气又源源不断地流过来，在北纬 30°附近的上空便会不断堆积，进而产生下沉气流，使得近地面气压升高，便形成了副热带高气压带。在近地面，由于气压梯度力的作用，大气从副热带高气压带向两端运动。向南的一支流向赤道低压，在地转偏向力影响下，由北风逐渐右偏成东北风，称为

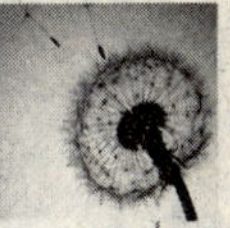

东北信风，因而从赤道到北纬30°就被称作东北信风带。从副热带高气压向北运动的一支气流，在地转偏向力的作用下，形成西南风，即盛行西风带。从极地高气压带向南运动的气流，在地转偏向力影响下，右偏形成东北风，即极地东风带。较暖的盛行西风与寒冷的极地东风在北纬60°附近相遇，暖而轻的气流会爬升到冷而重的气流之上，形成副极地上升气流。而副极地上升气流到高空便会向南北流出，从而使得近地面的气压降低，于是就形成了副极地低气压带。南半球亦是相类似的情况，因此，在近地面，全球共形成了7个气压带，6个风带。

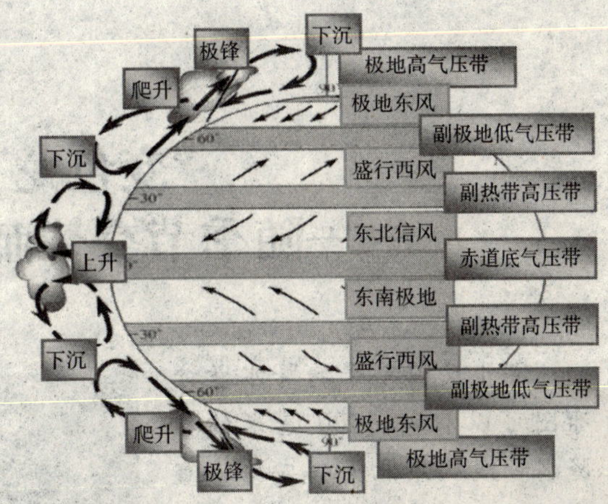

◆气压带和风带

全球性的有规律的大气运动，我们就把它们称作大气环流。大气环流使高、低纬度之间，海陆之间的热量和水汽得到交换，从而调整了全球的水分和热量分布，对全球的热量平衡和水量平衡有重要作用。

1. “马纬度”指的是哪里？
2. 围绕着地球的风有哪些？
3. 查资料，看看哥伦布是如何利用风抵达了新大陆？
4. 风带和气压带是如何形成的？

"变色龙"
——随季节交替而变换的风

翻开我国年平均降水量分布图可以看到，400毫米的等降水量线从东北大兴安岭一直走到西南，最后止于雅鲁藏布江河谷。此线西北，年平均降水量少于400毫米；此线东南，降水丰富，气候湿润。例如东南沿海大部分地区年平均降水量都在1600毫米以上。为什么我国降水量的分布会呈现出这样的特点呢？

◆风中芦苇

季风

季风，在我国古代有各种不同的名称，如信风，黄雀风，落梅风。北宋苏东坡《船舶风》诗中有"三时已断黄梅雨，万里初来船舶风"。诗中所说的船舶风又叫舶风，指的是夏季从东南洋面吹至我国的东南季风。由于古代海船航行主要依靠风力，冬季的偏北季风不利于从南方来的船舶驶向大陆，只有夏季的偏南季

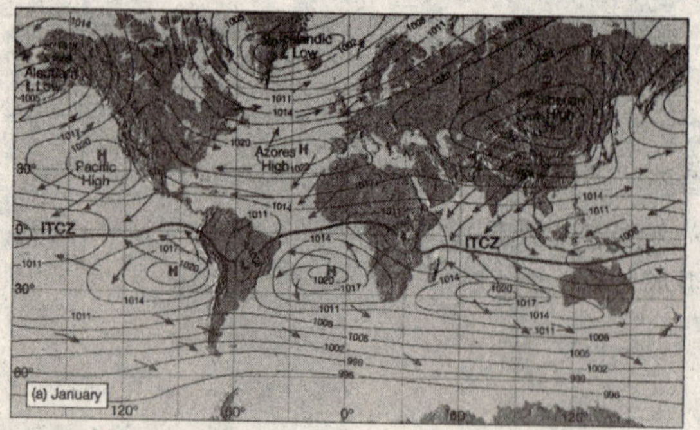

◆东南亚季风

所谓季风，即指由于大陆和海洋在一年之中增热和冷却程度不同，而在大陆和海洋之间形成的大范围的、风向随季节有规律改变的风。

风才能使它们到达中国海岸。因此，偏南的夏季风又被称作船舶风。当东南季风到达我国长江中下游时，这里具有地区气候特色的梅雨天气便告结束，开始了夏季的伏旱。

季风的形成

季风，主要是由于海陆间热力环流的季节变化形成的。夏季大陆增热比海洋剧烈，陆地上空气压随高度的变化比海洋上空的慢，所以到一定高度，就会产生从大陆指向海洋的水平气压梯度，空气由大陆向海洋运动，海洋上形成高压，大陆形成低压，空气从海洋向大陆运动，便形成了与高空方向相反的气流，构成了夏季的季风环流。夏季的季风温暖而湿润，我国夏季主要盛行的是东南季风和西南季风。

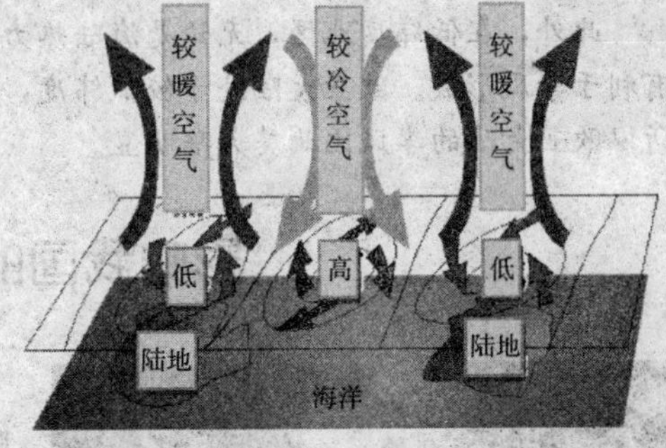

◆季风环流（夏季）

当然，行星风带的季节移动，也可以使季风加强或削弱，但这不是基本因素。

冬季，大陆迅速冷却，海洋上温度比陆地上的温度要高些，因此大陆上为高压，海洋上为低压，低层气流由大陆流向海洋，高层气流由海洋流向大陆，形成了冬季的季风环流。冬季风一般十分干冷，我国的冬季一般都是西北季风。

不过，海陆分布对季风的影响程度，还与纬度和季节有关系。冬季中、高纬度海陆影响大，陆地的冷高压中心位置在较高的纬度上，海洋上为低压。夏季低纬度海陆影响大，陆地上的热低压中心位置偏南，海洋上的副热带高压的位置向北移动。

广角镜——影响季风的因素

季风现象是否明显，与大陆面积大小、形状和所在纬度位置都有关系。大陆面积大，由于海陆间热力差异形成的季节性高、低压就强，气压梯度季节变化也就大，季风也就越明显。北美大陆面积远远小于欧亚大陆，冬季的冷高压和夏季的热低压都不明显，所以季风也不明显。如果大陆的形状是卧长方形，例如西欧，则从西而来的温暖气流很难达到大陆东部，所以大陆东部季风明显。北美大陆是竖长方形的，从西岸进入大陆的气流可以到达东部，所以大陆东部也无明显季风。

此外，在低纬度地区，无论是海陆热力差异，还是行星风带的季风移动，都有利于季风形成。欧亚大陆处于较低纬度，北美大陆则主要分布在北纬30°以北，所以欧亚大陆的季风比北美大陆明显。

影响我国的季风

◆季风带来的雨水

来自南方海洋的东南季风给东部地区带来丰沛的雨水，来自印度洋和南海的西南季风给西南地区和华南地区带来丰沛的雨水。

我国东临太平洋，在夏季，大陆气温高于海洋，低层气压相对较低，风便会从海洋吹向大陆，于是形成了湿热的东南季风。在冬季，大陆气温低于海洋，低层气压相对较高，风便由大陆吹向海洋，形成了干冷的西北季风。

例如，5月中、上旬，东南季风的前锋——季风雨带，在华南登陆，会使那里的旬降水量猛增到原来的一倍，从而揭开大陆雨季的序幕。6月下旬，东南季风加强，同时，北方的冷空气势力减弱而北撤，季风雨带便会挺进到长江中下游一带，使那里进入梅雨季节。7月上旬，东南季风又会继续北上，

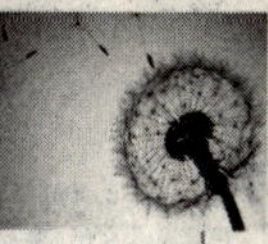

使华北、东北先后进入雨季。

1. 季风是怎么形成的？它有哪些特点？
2. 季风有哪些影响因素？
3. 我国冬夏季主要盛行什么季风？
4. 季风是如何影响我国各个地方的降水量分布的？

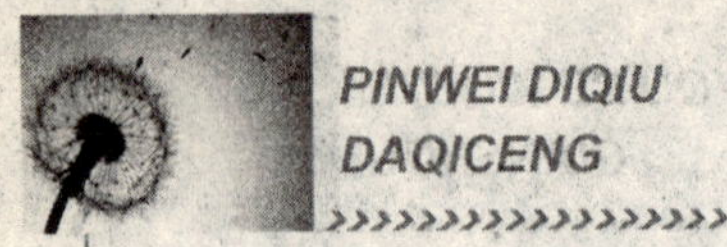

能让飞机悬停的风——高空急流

第二次世界大战期间，一名苏联空军驾驶员，接到空军作战部的命令，驾驶着一架重型轰炸机冲向天空执行作战任务。飞机沿着预先制定的航线，以300千米/小时的速度高速往目的地方向行驶。突然间，飞机像漂浮在空中似的停止不动了。驾驶员急忙检查机上的一切仪器设备，而所有的仪表都显示：一切正常！正当驾驶员困惑不解、不知所措时，飞机又开始慢慢地向前飞行，仿佛正在挣脱着一种无形的、难以抗拒的力量。

◆二战时苏军彼－2轰炸机

飞机为什么会突然悬停在空中呢？又是怎样的一种魔力将它牢牢的束缚住了？

与自由的舞者牵手

大气急流的发现

◆二战时美军战机

大气不仅仅存在于近地表位置。在高海拔地区，由于不同位置的空气接受的辐射不同，不同的气团就会有温度上的差别。若温差特别明显，就会形成非常强劲的气流。飞机之所以在空中停止飞行，正是大气中这股强劲的气流在作怪。

二战时美军战机第二次世界大战末期，美国飞行员在日本上空的

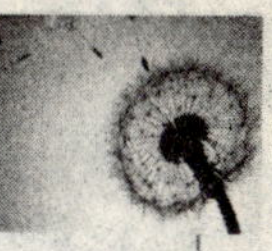

对流层顶附近向西飞行时，也遇到了一股高速气流，难于航行。当时，美国飞行员还以为是敌对国家使用了什么新式秘密武器，让飞机失去了控制。后经气象学家研究，发现这股高速气流就是高空西风急流。

大气急流

大气急流，指的是位于对流层上层或平流层中层的强而窄的气流。这类气流的范围，一般长几千千米，宽几百千米，厚几千米。而在急流轴线（急流中心近于水平的长轴）附近，风速的切变很强，垂直切变可达到每千米5～10 米/秒，水平切变每一百千米也约有 5 米/秒。

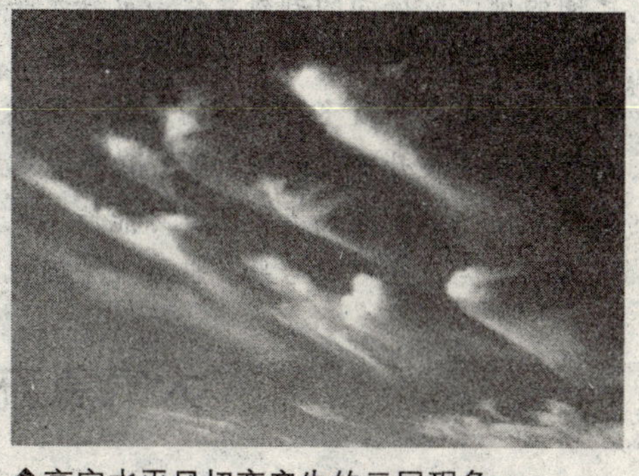

◆高空水平风切变产生的云层现象

一般而言，大气急流同大气热量和角动量的输送有关，是全球大气环流的重要环节。又因为它往往同锋区相联系，因此和天气系统的发生、发展有着密切的关系。

大气急流的风速有时会很大，由于其垂直和水平切变很强，当飞机在急流区附近，或处于强风速切变区时，很容易造成航空事故。因此，飞行时，常要求提供及时准确的急流位置和强度的情报和预报。

你知道吗？

按世界气象组织的规定，急流轴线上的风速下限为 30 米/秒。急流迂回曲折，环绕整个半球，急流轴线上的风速并不均匀，有一个或多个风速极大值中心。在风速小于 30 米/秒处中断。一般情况下，急流的中心风速为 50～80 米/秒，有时可达 100～150 米/秒，在冬季偶尔可达 150～180 米/秒。急流轴线在有的地区出现分支，有的地区两支急流汇合。

广角镜——风切变

风切变，又称风切或风剪，是一种大气现象，主要由锋面（冷暖空气的交界面）、逆温层、复杂地形和地面摩擦效应等因素引起。它指的是大气中不同两点之间的风速或风向的剧烈变化，包括水平和垂直两个方向。风切变可分为水平风的垂直切变，水平风的水平切变以及垂直风的切变。

风切变是导致飞行事故的元凶，国际航空界公认低空风切变（即发生在着陆进场或起飞爬升阶段的风切变）是飞机起飞和着陆阶段的一个重要危险因素。它不仅能使飞机航迹偏离，而且可能使飞机失去稳定。如果驾驶员判断失误和处置不当，常会产生严重后果。世界上曾因此发生多起机毁人亡的事故。

大气急流的分类

气象学家们根据大气急流所处的位置和特点，将它们分成了极锋急流、副热带急流、热带东风急流和平流层极夜西风急流四种。

链 接

高空急流

高空急流是围绕地球的强而窄的气流。它集中在对流层上部或平流层中，其中心轴向是准水平的，具有强的水平切变和垂直切变，有一个或多个风速极大值，叫急流带。

极锋急流，有时人们也将之称作温带急流，它一般出现在对流层顶部的附近，是一种中心强度和位置变化很大的急流。急流轴上常有气旋移动，因而常常带来风暴天气。

副热带急流，又称副热带西风急流。它出现在热带和中纬度对流层顶的过渡地带。这一区域的风速水平切变非常强，但是急流轴上风速强弱的差别很大。例如，在日本南部上空风速最大。

热带东风急流，一般出现在夏季北半球热带地区对流层的顶部，是东风急流的一支。这支急流从南海上空向西，经印度一直延伸到非洲北部上空。这一急流的强中心在阿拉伯海上空，风速平均为 35 米/秒，风向一般比较稳定。

平流层极夜西风急流，亦可简称为极夜急流。这支急流一般出现在极地上空 50～60 千米的区域，有时向下可延伸到 20～30 千米高度处。这一急流环绕在极区上空，强度会随着季节而变化。

1. 说说“风切变”指的是什么？
2. 大气中出现了急流会怎样反映在云层上？
3. 高空急流都有哪些？
4. 高空急流对我们的生活会有影响吗？

局势大逆转
——寒潮爆发

天气预报中，我们常常能听到“一股从西伯利亚来的冷空气前锋今天上午到达新疆北部……”、“来自蒙古国的一股冷空气进入我国内蒙古东部至河套西部一带，冷空气将东移南下……”这一类的言语。那么，入侵我国冷空气的源头，到底是在西伯利亚还是在蒙古国？它的源地究竟在哪里呢？

卫星云图

寒潮的形成

大气中的冷高压活动非常频繁，例如，东亚地区约每 3～5 天就有一次。但是，冷高压的强度在不同季节相差很大，一般夏季弱，冬季强。例如，夏季地面上冷高压中心气压值仅有 101000～102000 帕，冬季则可达 106000～107000 帕，甚至有的地区能达到 107000 帕以上。强烈的冷高压活动会带来强冷空气，如同寒冷的潮流滚滚而来，所以，我们就将这种大范围的强冷空气活动，称为寒潮。

寒潮过后的景象

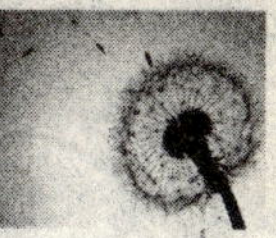

广角镜——来自北极的强冷空气

北极地区，由于太阳辐射较弱，地面和大气获得的热量较少，因而常年冰天雪地。到了冬季，太阳直射位置越过赤道，到了南半球，北极地区的寒冷程度因此进一步加剧，而且范围扩大，此时北极地区的气温将达到－40℃～－50℃。在这种状况下，大气的密度就会大大增加，空气不断收缩下沉，气压增高。如此，便会形成一个势力强大、深厚宽广的冷高压气团。当它增强到一定程度时，就会像决了堤的海潮一般，一泻千里，汹涌澎湃地向中国袭来。

链 接

美国寒潮标准

美国天气频道则规定，美国至少有 15 个州的气温低于正常值，其中至少有 5 个州温度比正常值低 15℃，并至少持续两天的冷空气爆发称为寒潮。

我国中央气象台规定，由于冷空气的侵入使气温在 24 小时内下降 10℃以上，最低气温降至 5℃以下，作为发布寒潮警报的标准。但这个规定太过严苛，而且没有说明气温下降 10℃的范围大小。因此，中央气象台又作了补充规定，长江中下游及其以北地区 48 小时内降温 10℃以上，长江中下游最低气温低于 4℃，陆上三个大区有 5 级以上大风，渤海、黄海、东海先后有 7 级以上大风，作为寒潮警报标准。如果上述区域 48 小时内降温达 14℃，其余同上时，则作为强寒潮警报标准。

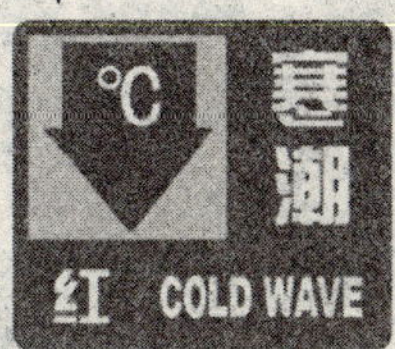

◆寒潮预警信号

冷空气来源

进入我国的冷空气，主要来自三个方向。第一个是新地岛以西的洋面，经巴伦支海、俄罗斯、欧洲，然后进入我国。它出现的次数最为频繁，达到寒潮强度的也最多。

第二个来自新地岛以东的洋面上，多数经喀拉海、太梅尔半岛、俄罗斯进入我国。它出现的次数较少，但是几乎每次都能达到寒潮强度。

第三个则来自冰岛以南的洋面上，经俄罗斯欧洲南部或地中海、黑海、里海进入我国。这股冷空气出现的频率也很高，但一般达不到寒潮强度。

广角镜——寒潮入侵我国路径

根据资料统计，进入我国的冷空气95%左右的都要经过西伯利亚中部地区并在那里积累加强。这个地区就称为寒潮关键区。从关键区入侵我国主要有四条路径。

路径一：西北路冷空气从关键区经蒙古到达我国河套附近，紧接着一路南下，直达长江中下游及江南地区。循这条路径下来的冷空气，在长江以北地区所产生的寒潮天气以降温和偏北大风为主，到江南以后，则可能发展成为伴有雨雪的天气。

◆寒潮入侵我国路径

路径二：东路冷空气从关键区经蒙古到达我国华北北部，冷空气主力继续东移的同时，低空的冷空气则折向西南，经渤海侵入华北，再从黄河下游向南到达两湖盆地。循这条路径下来的冷空气，常使渤海、黄海、黄河下游及长江下游出现大范围降温，并伴有东北大风。华北、华东出现回流，并出现持续的阴雨雪天气。

路径三：西路冷空气从关键区经新疆、青海、西藏高原东南侧一路南

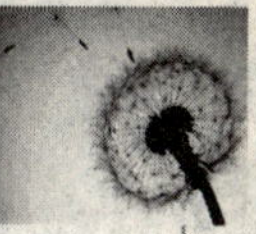

下，会对我国西北、西南及江南各地区造成降温影响，但降温幅度一般不大。

路径四：东路和西路冷空气并进。东路冷空气从河套下游南下，西路冷空气从青海东侧南下，两股冷空气在黄土高原东侧，黄河、长江之间汇合，汇合时会造成大范围的雨雪天气，接着，合并的冷空气一路南下，将出现大风和明显降温。

寒潮的影响

◆寒潮使飞机无法正常起飞降落

寒潮所伴随的大风、雨雪和降温天气会造成地面结冰、路面积雪，从而对公路、铁路交通和海上作业的安全带来巨大的威胁，严重影响人们的生产生活。例如，2008年1月10日起在中国发生的大范围低温、雨雪、冰冻天气，曾造成多处铁路、公路、民航交通中断，大量旅客滞留站场港埠。另外，此次雪灾还造成电力受损、煤炭运输受阻，致使不少地区用电中断，电信、通信、供水、取暖均受到不同程度影响，某些重灾区甚至面临断粮危险。此外，融雪流入海中，对海洋生态亦造成浩劫，台湾海峡就出现了大量鱼群暴毙事件。

轶闻趣事——人算不如天算

1812年6月，拿破仑领兵60万进攻俄国，一开始势如破竹，占领了俄国的大片土地。然而11月初，天气骤然变冷，冷空气捎来的大雪封锁了整个俄罗斯，一天之中，有数千法国兵马被活活冻死。结果，拿破仑不得不于12月下令撤军。这场突如其来的寒潮，使拿破仑损失了50多万将士，回到巴黎时仅剩下2万兵马，狼狈不堪。

同样的事情也发生在了希特勒身上。1941年，希特勒企图利用夏秋季有利的天气条件，以闪电战快速攻占莫斯科。岂料，11 月初的莫斯科再度上演了 100 多年前的历史，强冷空气使俄罗斯气温下降到冰点以下，大地冻结。到 12 月初，气温又下降到零下 30℃。莫斯科城外的 180 万德军没有冬衣，被冻死、冻伤的官兵不计其数。最后这场战役因受寒潮的影响而以希特勒的失败告终。

1. 寒潮是如何形成的？
2. 寒潮跟大气运动有什么关系？
3. 什么情况下气象局会发布寒潮预警？
4. 寒潮会给我们的生活带来哪些影响？

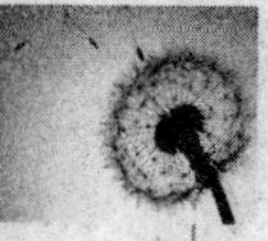

莫名的愤怒——飑

1878年3月的一天，在英国的一个军港码头上，人们正等待着战舰“厄里迪卡”号的归来。那天，天空阴沉，海面风平浪静。傍晚6时许，码头上的人们在距码头约1千米的地方已能看到归航的战舰。正当人们为即将到来的团聚高兴不已时，刹那间，狂风大作，海浪滔天，天空甚至还飘落下大片大片的雪花。这场突如其来的暴风雪持续了4、5分钟后，天空竟奇迹般地一下子转晴，海面恢复了之前的平静，可是“厄里迪卡”号却从海面上消失了，没有一丝痕迹。到底是怎样一种力量，让如此一艘大型军舰顷刻间从人们的视野里消失？是老天的恶作剧，还是严厉的惩罚？

当代英国42型驱逐舰“埃克塞特”号

发“飑”

原来“厄里迪卡”号战舰遭受到了一种在气象上称为“飑”的风暴的突然袭击。

飑，是一种突然发作的强风，它来临的瞬间，风速会急剧增加，同时风向骤变，气压涌升，特别容易形成明显的“雷暴鼻”。

飑常常发生在冷锋过境的时候。冷气团推着暖气团前进，迫使暖气团上升、冷却，在冷锋过境前10多分钟，天空中会形成一片浓黑的积雨云。接着，天色突然变得黑沉，乌云在空中翻滚，天昏地暗，接着雷电交加，风雨大作，有时甚至还夹有冰雹。飑的风力一般为6～7级，有时甚至可到12级以上。由于它发作突然，移动迅速，因而常常对人们的生命财产造成

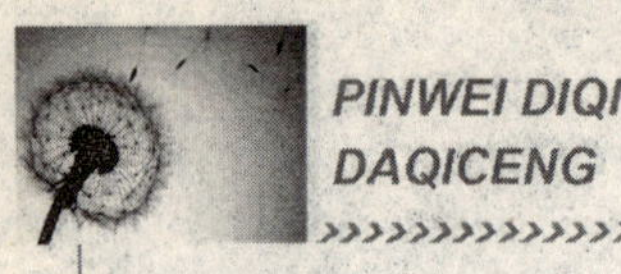

重大损失。

小书屋

飑的形成和发展除与天气形势有密切关系外，地方性条件也起着极其重要的作用。它是受起伏地形和热力分布不均而产生的动力作用和热力作用的综合结果。例如，春夏季节的积雨云里最易形成潮湿不稳定气层，能够助长飑的强烈发展。

谁在发“飑”

飑，是中尺度天气系统飑线过境时所出现的天气现象之一。这条天气带一般长几十到二三百千米，宽小于1千米，是比普通雷暴影响范围更大的中尺度天气系统。

飑线，又称不稳定线或气压涌升线，是由若干排列成行的雷暴单体或雷暴群组成的、风向和风速会发生突变的、狭窄的强对流天气带。

飑线上的雷暴通常由若干个雷暴单体组成，少则4～5个，多则十几个或几十个，所以飑线比个别雷暴单体带来的天气变化要剧烈得多。沿着“飑线”有可能出现雷暴、暴雨、大风、冰雹、龙卷风等强对流天气。而这些天气一般都具有突发性强、破坏力大、不可抗拒的特点。而且，这类天气的形成、发展过程十分迅速，可预报时间非常短。飑线过后，气温会大幅度下降，相对湿度也会大幅度上升，但一般维持的时间非常短促。

◆飑线过后倒伏的麦田

飑线的形成和发展与一定的大尺度天气形势有关，它一般会出现在高空槽后，有时也会出现在高空槽前的暖湿气流里。

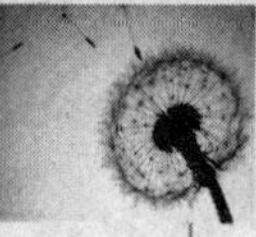

飑线的判定

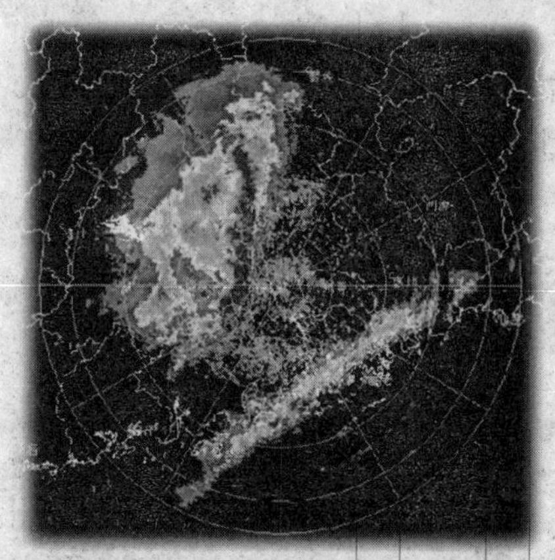

◆2005 年广东北部出现的飑线雷达图

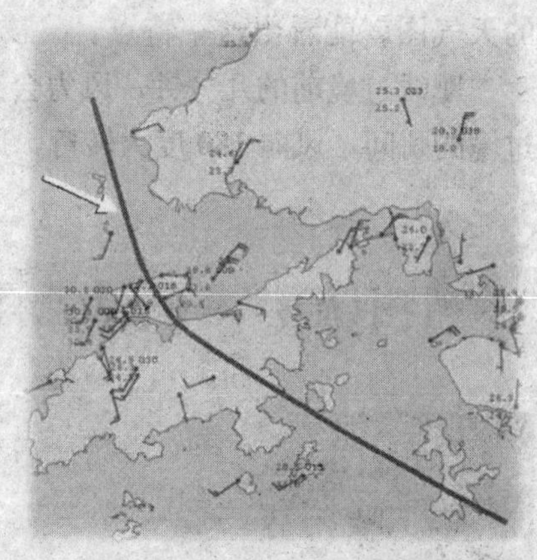

◆2003 年飑线过境香港时的天气图

飑线过境时，在地面观察到的是一团深黑色的云从天边逐渐靠近。随着飑线最强的回波压顶，天色暗如黑夜，但此时的雨通常都不大，多为稀疏的豆大雨点。最大的雨出现在飑线最强回波稍微靠后的地方，天色也变得苍白。此后，大雨逐渐地减小，直至停止。

在雷达图上，发展成熟的飑线的前部是一个弧形光滑的强回波区。该回波通常在雷达图上反映为橙红色。而飑线后部则是一团强度随飑线前部距离增大而逐渐减弱的回波。

至于风方面，则是吹向飑线，与飑线前进方向相反。因为发生在我国

知识窗

飑线的“跳跃”

飑线上强雷暴单体的强降水会形成强大的下沉辐散气流，这股气流促使地面切变线超越于飑线之前，并在低层和西南暖湿气流辐合而引起抬升，从而使得在原飑线的前方，形成了新的飑线。此时，原飑线减弱，新飑线发展加强，并不断向前传播，便形成了飑线的“跳跃”现象。

的飑线通常是自西北向东南移动，所以飑线过境前，风向多为东南。但盛夏由于受副高压的控制，华南地区则会出现自东向西移动的飑线，因此这种飑线前部吹偏西风，飑线后部吹偏东风，我们从 2003 年飑线过境香港时的天气图就能看出这一特点。

飑线过境前的几分钟，风力会突然增大，阵风最强甚至可以达到 12 级。过境的瞬间，风向 180 度大转弯，风力依旧强烈，紧接着大雨便瓢泼而至。

广角镜——飑线 VS 冷锋

与自由的舞者牵手

正常雷雨云

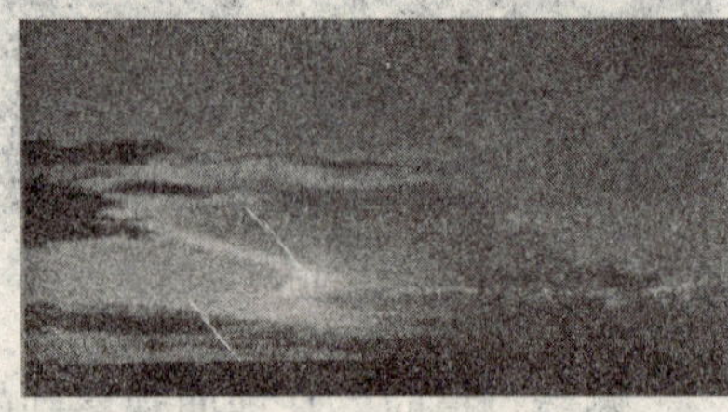

飑线产生的雷雨云

飑线，处于下沉冷空气的前缘，其空间结构和冷锋相似——都是冷暖空气的分界面，过境时都伴有风向急转，风力猛增，气温下降，气压上升的现象。它们是如此相像，我们该如何区分它们呢？

通常，飑线附近的天气现象比冷锋附近的剧烈得多，其移动速度也比冷锋的快很多，而且飑线的强度从雷达回波图或者卫星图上能看到明显的日变化，冷锋的则没有。另外，从两者的定义上看，冷锋指的是两种不同性质气团的分界面，是大尺度系统；飑线则是在同一气团内部形成和传播的中尺度系统。

拓展思考

1. “飑”和“飑线”有什么不同？
2. “飑线”如何判定？
3. 查查资料，看我国境内的“飑线”一般出现在哪里？
4. “飑线”会带来怎样的灾难？

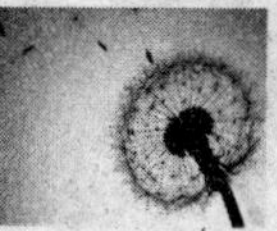

黑色的尾巴——龙卷风

生活在海边的人，有时会看到一种奇异的天气现象：在天空的浓云密雨中，突然伸出来一条黑色的尾巴，并迅速伸向海面，就在与海面接触的一刹那，水面立刻竖起一根水柱，云水相接，十分壮观。这到底是怎样一种神物？有人说那是一条正在饮水的巨龙，真的是这样吗？

◈海龙卷群

龙卷风

◈龙卷风卫星云图

龙卷风，又称龙卷、龙吸水，由快速旋转并造成直立中空管状的气流形成，是一种相当猛烈的天气现象。龙卷风的形状一般呈漏斗状，“漏斗”上部接积雨云，下部与地面或海面接触。

龙卷风的侦测与分级

◆龙卷风

通常，它的中心附近风速约 100 米/秒～200 米/秒，最大可达 300 米/秒，比台风中心附近最大风速还大好几倍。此外，它的中心气压很低，一般仅有 40000 帕，最低甚至只有 20000 帕。因而龙卷风具有很大的吸吮作用，若在海面上，它可以把海水吸离海面，形成水柱，直抵云端，俗称“龙吸水”。然而，它的生命很短暂，一般仅维持十几分钟，最长也不超过 2 小时。

龙卷风的形成

龙卷风产生于强烈不稳定的积雨云中，它的形成与暖湿空气强烈上升、冷空气下降以及地形等有关。

在积雨云里，空气扰动十分厉害，上下温差悬殊——若地面气温是摄氏二十几度，那么在积雨云顶部八千多米的高空，温度将低到摄氏零下三十几度。其结果是：上面的冷空气急速下降，下面的热空气猛烈上升。上升气流到达高空时，如果遇到很大的水平方向的风，就会迫使上升气流向下旋转运动。上层空气交替扰动，旋转形成许多小涡旋，然后逐渐扩大，

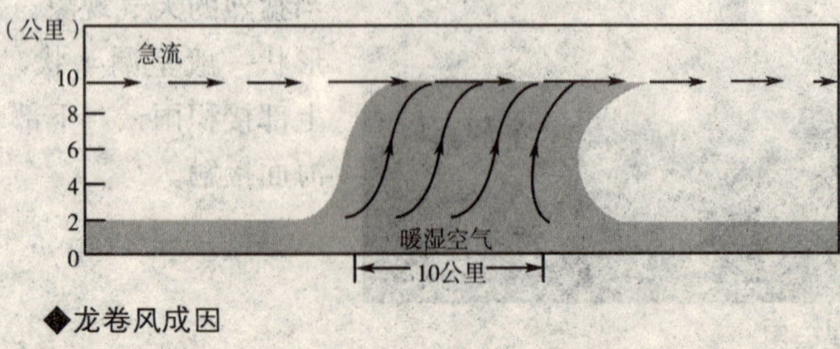

◆龙卷风成因

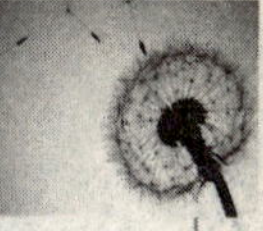

此外，还有TORRO分级法。它将龙卷风分为T_0至T_{11}共12个等级，T_0级表示极其弱的龙卷风，T_{11}级表示已知的最强的龙卷风。

在不断的碰撞激荡中，形成大涡旋。大涡旋先是绕水平轴旋转，形成一个水平方向的空气旋转柱，接着，两端渐渐弯曲，并且从云底慢慢垂下来。相对于积雨云的前进方向，从左边伸出云体的叫“左龙卷”，顺时针旋转；从右边伸出的叫“右龙卷”，逆时针旋转。最终能够伸到地面的，一般都是右龙卷。

◆龙卷风卫星云图

龙卷风的强度等级可由高分辨率多普勒雷达获取的数据或摄影测量法得到，其依据是藤田皮尔森龙卷等级和改进的藤田级数。

龙卷风的破坏力由小到大，按藤田级数可划分为 $F_0 \sim F_5$ 共 6 个等级，按改进型的藤田级数可分为 $EF_0 \sim EF_5$，也是 6 个等级。EF_0 级的龙卷风一般只会损伤树木，对建筑没有太大影响。而 EF_5 级的龙卷风则有可能把建筑物夷为平地。

在天气预报雷达屏幕上，出现龙卷风的区域会呈现一个“钩状回波”图像。当这些恶劣的天气出现或即将来临的时候，一连串“追风族”常常保持警惕地寻找龙卷风并通知当地的气象机构，他们喜爱追踪雷暴和龙卷风以探究它们的真实情况并进行科学解释。“追风族”们曾做了许多尝试，如将探针扔到龙卷风中，以便分析其内部构造，但自 1990 年以来，只有 5 根针成功地扔了进去。美国国家气象局也有一项名为 Skywarn 的计划，这项计划负责培训风暴观察员以观察可能带来强冰雹、狂风和龙卷风的风暴。风暴观测员包括郡行政司法长官、州警官、消防队员、救护车司机、追风族及其他一些个体。风暴来临时，国家气象局会要求这些观察员寻觅这些风暴，并立即汇报出现的龙卷风，以便气象局及时发布警报。

龙卷风的危害

龙卷风后的城市

在孟加拉国，由于人口密度高，房屋质量差，缺乏龙卷风方面的安全防护知识，每年约有近 200 人死于龙卷风。而加拿大平均每年出现的龙卷风有 80 个，虽仅有极少数人丧生于龙卷风下，但其所造成的经济损失却是巨大的。

英国则是欧洲发生龙卷风最频繁的地区。若以单位面积发生的龙卷风数量来计算，英国和荷兰是世界上单位面积发生龙卷风次数最多的国家，其中荷兰每年平均每平方千米的土地将遭受 0.00048 次龙卷风袭击。此外，美国则是世界上遭受龙卷风侵袭次数最多的国家，平均每年遭受 100000 个雷暴、1200 个龙卷风。有记录以来，美国最致命的龙卷风发生于 1925 年 3 月 18 日，是越过了密苏里州东南部、伊利诺伊州南部和印第安那州北部的“三州大龙卷”，那次风暴导致 695 人死亡。

广角镜

“龙卷风爆发”

在一天里若有超过 6 个龙卷风产生，就可以说出现了“龙卷风爆发”。1974 年 4 月 3 日，有史以来记录的最大的龙卷风爆发产生了 148 个龙卷风，包括 6 个 F_5 级和 23 个 F_4 级的龙卷风，被人们戏称为“超级爆发”。另一场类似程度的爆发是“棕枝主日龙卷风爆发”，它于 1965 年 4 月 11 日袭击了美国中西部，造成 271 人死亡。

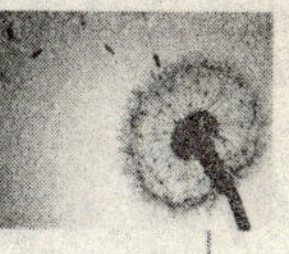

龙卷风的防范

立即离开汽车，到低洼处躲避

◆如何躲避龙卷风

龙卷风的前行有跳跃性，往往是一会儿着地又一会儿腾空。通常，龙卷风过后会留下一条狭窄的破坏带，在破坏带旁边的物体，即使近在咫尺，也安然无恙。所以，在遇到龙卷风时，一定要镇定自若，积极想办法躲避，切忌惊慌失措。那么龙卷风来临时，躲在哪里才是最安全的呢?

一般而言，混凝土建筑的地下室是最安全的地方。当然，地下室不是随处都有，总的原则就是，尽量往低处走，尤其不能呆在楼房上面。另外，小房屋和密室要比大房间安全。

如果正巧乘汽车在野外遇到了龙卷风，那又该怎么办呢?

龙卷风不仅能将汽车和人吸起“吞食”，还能使汽车内外产生很大的气压差而引起爆炸，所以开车时遇到龙卷风应火速弃车奔向附近的掩蔽处。若来不及逃远，就应迅速找一个与龙卷风路径方向垂直的低洼区藏身。因为龙卷风总是“直来直去”，仿佛百米冲刺的运动员一样，要它急转弯几乎是不可能的。

拓展思考

1. 龙卷风是怎样形成的?
2. 龙卷风的破坏力有多大?
3. 查查资料，有哪些奇特的天气是因龙卷风造成的?
4. 我们在外遇到龙卷风该怎么办?

海上劲风——台风

◆从太空拍摄的台风图片

2005年8月28日，飓风“卡特里娜”以282千米/时的速度向美国新奥尔良市行进，由此而引起的狂风和暴雨造成1000多人死亡，整个城市市民被要求全部撤离，9月1日，还出现了无政府的混乱局面。这场飓风导致美国下半年的经济增长下降了一个百分点，损失了近1500亿美元，数十万的人失业，被列为美国历史上十大灾难之一。

北美所谓的飓风，就是我们常说的台风。那么，台风到底是怎样的一种风呢？

台风的形成

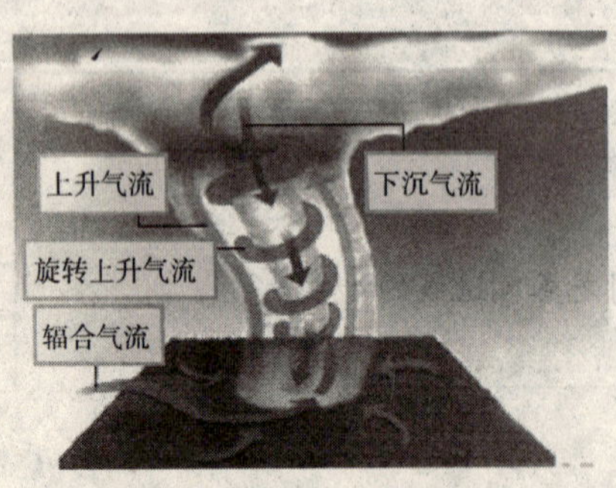

◆台风形成示意图

在热带海洋上，夏季，太阳直射区域由赤道向北移，使南半球的东南信风越过赤道转向成西南季风，进入北半球，和北半球原来的东北信风相遇，挤迫空气上升，使空气的对流作用加强。由于这两种风方向不同，相遇时常造成波动和旋涡。而且，它们相遇所造成的辐合作用和原来的对流

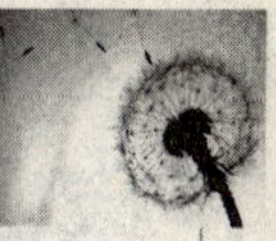

作用一起，使已经形成的低气压旋涡继续加深，其结果便是：四周空气加快向旋涡中心流，流入愈快，风速就愈大。当近地面最大风速到达或超过32.6米/秒时，我们就称它为台风。

讲解——台风产生的条件

1. 要有广阔的高温、高湿的大气。台风只能形成于海温高于26℃～27℃的暖洋面上，而且在60米深处的海水水温都要高于26℃～27℃。

2. 要有低层大气向中心辐合、高层向外扩散的初始扰动，而且高层辐散必须超过低层辐合。

3. 垂直方向风速不能相差太大，才能使初始扰动中水汽凝结所释放的潜热能集中保存在台风眼区的空气柱中，形成并加强其暖中心结构。

4. 要有足够大的地转偏向力作用。地转偏向力在赤道附近接近于零，向南北两极增大，台风一般发生在离赤道大约5个纬度以上的洋面上。

台风的结构

一个发展成熟的台风，按其结构和带来的天气，可分为台风眼、旋涡风雨区和外围大风区三部分，并从中心向外呈同心圆状排列。

外围区的风速从外向内增加，会出现螺旋状云带和阵雨。最强烈的降水产生在最大风速区，平均宽8～19千米，与台风眼之间有环形云墙。台风眼位于台风中心区，最常见的台风眼呈圆形或椭圆形状，直径为10～70千米不等，由于盛行下沉气流，因而其天气状况表现为无风、少云和干暖。

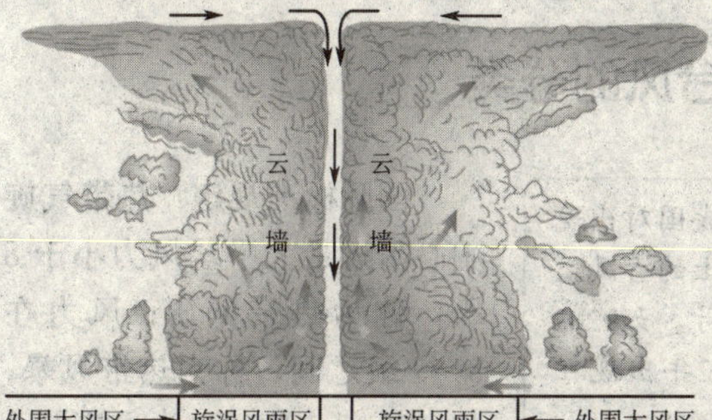

◆台风的结构

此外，无论是在台风内区还是外区都有明显的不对称性，这种不对称性对台风的发展及其动量和动能的输

送有重要作用。台风是大气中很强的能量源，其对大气环流的变化和维持有重要的影响。

台风的移动

台风形成后，一般会移出源地，并经过发展、减弱和消亡的演变过程。一个发展成熟的台风，圆形涡旋半径一般为 500～1000 千米，高度可达 15～20 千米。

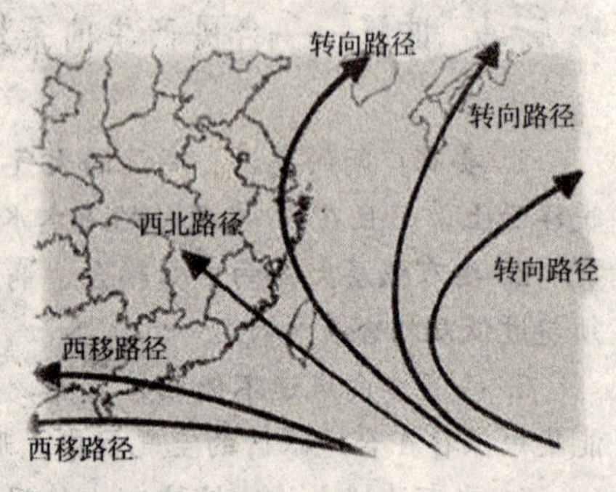

◆台风移动路径

台风的移动路径，基本上都是沿副热带高压外缘，自东向西移动。但由于受众多因素影响，移动路径又很复杂。以北太平洋西部地区台风移动路径为例，其路径分为三条：

西移路径：台风从菲律宾以东洋面一直向西移动，经过南海，在我国海南岛或越南一带登陆。

西北路径：台风从菲律宾以东洋面向西北方向移动，穿过琉球群岛，在我国江浙或浙闽一带登陆。

转向路径：台风从菲律宾以东洋面向西北方向移动，然后转向东北方向移去，路径呈抛物线状。

台风的分类

为统一台风警报的发布，我国对出现在150° E以西，赤道以北洋面上的台风，按每年出现的先后顺序进行编号。如9202号台风，表示这个台风是1992年出现在150° E以西的第二个台风。

国际标准规定：热带气旋中心附近最大平均风力小于 8 级，称为热带低压；风力在 8～9 级之间，称为热带风暴；10～11 级之间，称为强热带风暴；12 级或以上则称为台风。

台风的活动有季节性。影响我国的台风，主要形成于西太平洋菲律宾东侧的洋面、关岛附近和我国南海中部等地，且主要发生在5～10月，尤以7～9月最多。

知识窗——台风的分级

超强台风：底层中心附近最大平均风速≥51.0米/秒，对应风力16级或以上。

强台风：底层中心附近最大平均风速41.5～50.9米/秒，对应风力14～15级。

台风：底层中心附近最大平均风速32.7～41.4米/秒，对应风力12～13级。

强热带风暴：底层中心附近最大平均风速24.5～32.6米/秒，对应风力10～11级。

热带风暴：底层中心附近最大平均风速17.2～24.4米/秒，对应风力8～9级。

热带低压：底层中心附近最大平均风速10.8～17.1米/秒，对应风力6～7级。

台风的功过是非

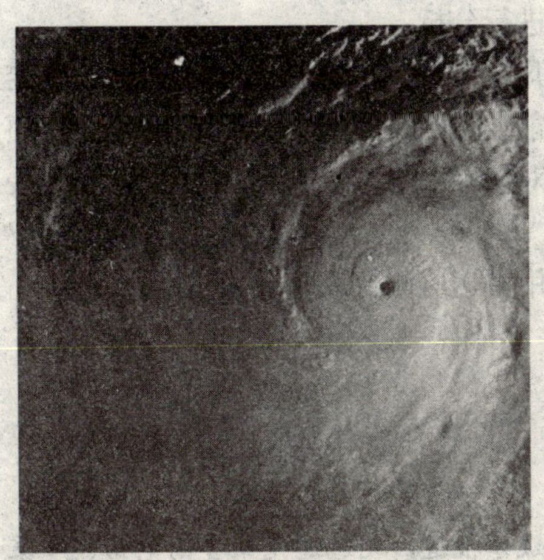

◆1979年10月12日的台风泰培

台风过境时，常常会带来狂风暴雨的天气。在海上，它会引起海面巨浪翻滚，对海上的行船造成严重威胁。登陆后，能摧毁庄稼、房屋和各种建筑设施，不仅给国家和地区造成严重的经济损失，更会危及人的生命安全，是一种危害极大的灾害天气。

例如，在台风经过的地区，会产生特大降水，1975年8月发生在河南的特大洪水就是由第3号台风在

淮河上游产生的特大暴雨引起的。

◆台风来袭

当然，台风除了给登陆地区带来暴风雨等灾害外，也有其有利的一面。包括我国在内的东南亚各国和美国，台风降雨量约占地区总降雨量的1/4以上。如果没有台风，这些国家的农业困境将不堪设想。此外台风对于调剂地球热量、维持地球热平衡具有重要意义。众所周知，热带地区接收的太阳辐射热量最多，因此气候也最为炎热，寒带地区因得到的太阳辐射少而终年寒冷。由于台风的活动，热带地区的热量被驱散到高纬度地区，使寒带地区的热量得到补偿。如果没有台风，热带地区气候就会越来越炎热，寒带地区就会越来越寒冷，温带就不复存在了。在如此极端的气候下，众多的植物和动物会因难以适应而大量灭绝，那将是一种多么可怕的情景！

台风的防抗

加强台风的监测和预报，是减轻台风灾害的重要措施。对台风的探测主要是利用气象卫星传回的图片资料进行分析。

在卫星云图上，能清晰地看到台风的存在和大小。通过它，可以确定台风中心的位置，估计台风强度，并能监测台风的移动方向和速度，从而推测出狂风暴雨出现的地区和时间，对防止和减轻台风带来的灾害起到关键作用。

此外，当台风到达近海时，还可用雷达监测台风动向。

小贴士——台风来时，居民应该注意什么？

1. 警惕台风动向。注意收听、收看媒体报道，或通过气象咨询电话、气象网站等了解台风发展的最新情况。

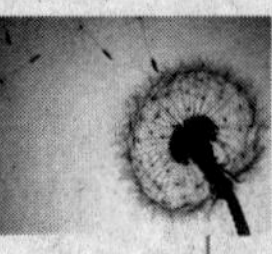

2. 关紧门窗并搬移窗台或阳台上的花盆以防砸落。

3. 尽量避免外出。因为台风来临时，容易发生一些大型广告牌掉落、树木被刮倒、电线杆倒地的状况。

4. 不得已需外出作业的人员在避风避雨时要选择安全地带，小心“飞”来横祸。在野外主要小心公路塌方、树倒枝折等危险。

5. 台风天气时，路面出现积水，地比较滑，这些都会影响开车，容易引发意外事故。所以司机开车一定要放慢速度，骑车的朋友在恶劣天气下最好选择步行、乘坐公交车。

1. 台风是怎样形成的？它的结构是怎样的？
2. 台风是怎样划分等级的？
3. 台风对我国有哪些影响？
4. 遇到台风天气时，我们该怎么办？

与自由的舞者牵手

会点火的风——焚风

◆穿越阿尔卑斯山的火车

我国的名山大川，不乏许多“银龙飞舞，匹练垂空”的壮丽瀑布景观。它们是水流过山岭，从顶部凌空倾泻而下形成的。当风遇到山脉阻挡时，便会沿着迎风面的山坡爬升，然后翻越山脊，飞泻而下，犹如奔腾的瀑布一般，形成“大气瀑布”。位于欧洲的阿尔卑斯山脉就有着这一壮丽的“大气瀑布”。当你从意大利的米兰乘坐火车穿越阿尔卑斯山脉的辛普隧道时，如果在山南看到的是如注的倾盆大雨，并且寒气袭人；那么，当火车穿过隧道，来到山北的瑞士时，感受到的可能却是南风阵阵，碧空万里，而且干热难熬。这到底是一种什么样的风，能使山前山后出现“两重天”的景象呢？

焚风的形成

◆焚风形成示意图

焚风是出现在山脉背面，由山地引发的一种局部范围的空气运动形式——过山气流在背风坡下沉而变得干热。它是一种地方性风，往往以阵风形式出现，从山上沿山坡向下吹。最早主要用来指越过阿尔卑斯山后在德国、奥地利谷地变得干热的气流。

那么，焚风是如何形成的呢？

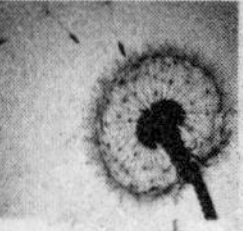

据气象专家介绍，焚风是由于气流越过高山后下沉造成的，是山区特有的天气现象。当一团空气从高空下沉到地面时，每下降 1000 米，温度平均升高 6.5℃。也就是说，当空气从海拔 4000～5000 米的高山下降至地面时，温度将升高 20℃以上，从而使原本凉爽的气候顿时热起来，这股热风就被人们称为“焚风”。

◆森林大火

焚风的分布和作用

◆焚风多发地——阿尔卑斯山

一般在中纬度地区，相对高度不低于 800～1000 米的任何山地都有可能出现焚风现象。“焚风”在世界很多山区都能见到，但以欧洲的阿尔卑斯山、美洲的落基山、原苏联的高加索最为有名。阿尔卑斯山脉在刮焚风的日子里，白天温度可突然升高 20℃以上，初春的天气会变得像盛夏一样，不仅热，而且十分干燥，经常发生火灾。强烈的焚风吹起来，能使树木的叶片焦枯，土地龟裂，造成严重旱灾。所以极易引起干旱、森林火灾等自然灾害。

焚风有时也能给人们带来益处。它可以促进春雪消融，作物早熟。例如，北美的落基山，冬季积雪深厚，春天焚风一吹，积雪很快就会全部融化。因而，当地人把焚风称为“吃雪者”。程度较轻的焚风，能增高当地热量，提早玉米和果树的成熟期。所以原苏联高加索和塔什干绿洲的居民，又把焚风称作“玉蜀黍风”。

点 击

焚风的别名

智利安第斯山脉：帕尔希风（Puelche）
阿根廷：松达风（Zonda）
美国落基山脉东侧：钦诺克风（Chinook）
加利福尼亚州南部：圣安娜风（Santa Ana）
墨西哥：仓裘风（Chanduy）

在中国，焚风地区虽不如上述地区明显，但也比较多，如天山南北、秦岭脚下、川南丘陵、金沙江河谷、大小兴安岭、太行山下、皖南山区都能见到其踪迹。例如，1956年11月13～14日，石家庄气象站就曾观测到太行山东麓在短时间内气温升高10.9℃的焚风现象。

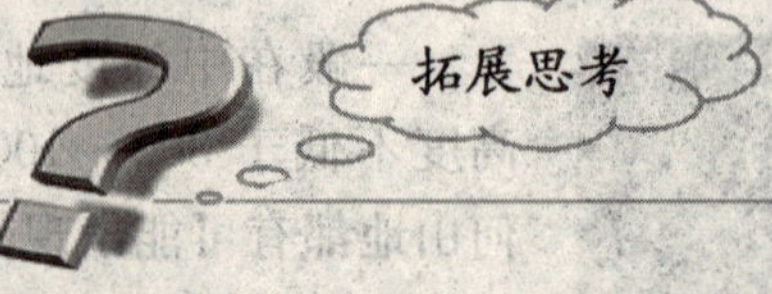

1. “焚风”是什么？
2. 我国的“焚风”多出现在哪里？
3. 人们最早在哪里发现“焚风”的？
4. “焚风”会给植被带来哪些影响？

大气盛宴

——云雾雨雪雹

在大气的底层——对流层，那里的空气，每时每刻都在剧烈地运动着，翻滚着。那些不安分的大气小分子聚在一块嬉戏，打闹，乐此不疲……住在地面的人们自然看不到这幅壮观热闹的场面，不过那些调皮打闹还是会在天空留下痕迹，甚至有时还会给我们带来各种各样奇妙的天气现象……

这些痕迹是什么？这些奇妙的天气现象又是怎样的呢？在这一篇里，或许你能找到想要的答案。

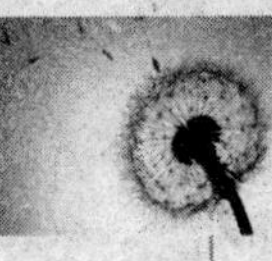

云彩多姿
——云的形成和形状

◆澳大利亚上空的云

天空是一幅活动的画面。在这变化无穷的画面里，展现着丰富多姿的云彩。在蔚蓝的天幕上，有时镶嵌着银色的“鳞片”，有时却又点缀着一团团白色的“棉花”。有时候天空像蓝色的海洋，万顷波涛翻滚，此起彼伏。有时又似进入了群山的怀抱，但见山峦重叠，奇峰突起……云在空中毫不费力地漂浮运动，并不断变换造型，不禁让人怀疑：它是由水蒸气构成的吗？可如果真是这样的话，按理我们就看不见云了，因为肉眼是无法看到水蒸气的。那么，云到底是什么呢？

云的形成

◆被阳光照射的云

云，是指停留在大气层中的水滴或冰晶胶体的集合体，是地球上庞大水循环的有形结果。

太阳照在地球的表面，海洋、湖面、植物表面、土壤中的水分就会蒸发，形成水蒸气。一旦水汽过饱和，水分子就会聚集在空气中的微尘周围，由此产生的水滴或冰晶将阳光散射到各个方向，就有了我们看到的云。

云反射和散射所有波段的电磁波，所以云的颜色通常呈灰色。当云层比较薄时，呈白色；当云层太厚，阳光无法透过时，则呈灰色或黑色。

在云的形成过程中，凝结核起着非常重要的作用。凝结一般发生在田地或植物等的表面上，而在自由大气中，凝结发生在吸湿性核的周围。通常，水汽必须找到一个合适的表面才能凝结。大气凝结核一般由固态物质、溶液滴或两者的混合物组成，其化学成分一般比较复杂。最常见的有氯、氮、碳、镁、钠、钙等的化合物。

在纯净的大气中，水汽必须达到百分之几百的过饱和度，才能凝结成水滴。不过，在有大气凝结核存在的条件下，水汽凝结所需的过饱和度会显著降低。

小知识

凝结核

平均而言，海洋空气每升（1000 立方厘米）含有 100 万个凝结核，而陆地空气每升约含 500～600 万个凝结核。

1 立方厘米的干燥空气中，最多含有约 10 万个灰尘颗粒和其他凝结核。但一场凉爽的小雨过后，其数目就会锐减至 1000 粒左右。

知识窗——吸湿性核与过饱和度

吸湿性核半径小于 0.001 微米时不起作用，因为凝结作用需要高度的超饱和状态。而半径大于 10 微米的巨大核粒，在空中又不能停留很长时间。所以，吸湿性核的半径一般在 0.001～10 微米之间。

云中的过饱和度一般不超过 1%，因为弯曲水滴表面上的饱和水汽压比一般水平面上的要大。凝结初期，凝结核的大小是重要的。例如，对 0.05%的过饱和程度来说，其核质量为 10^{-13} 克，半径为 1 微米的水滴，在 30 分钟内水滴可以增大到 10 微米，而一个具有 10^{-14} 克凝结核的小水滴，增大到 10 微米则需要 45 分钟。

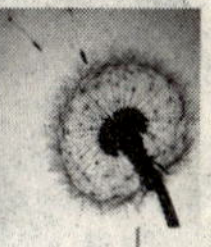

云的形状

由于空气的运动形式不同，天空中的云会呈现出各式各样的形状。如果空气进行上上下下的对流运动，就会形成一团团孤立向上发展的云块，我们称之为积状云。

◆絮状高积云

如果空气进行上升运动，且沿着一定的坡度大规模地斜升，那么就会形成一种均匀的像幕布似的铺满天空的云层，我们称之为层状云。层状云的水平范围很宽广，常覆盖几百千米甚至上千千米的地区。

◆卷层云

如果空气沿水平方向进行波状运动，那么就会在波峰处形成云，我们就会看到一排排整齐的、中间隔着蓝天的波状云。如果上下两层空气进行波状运动，天空中就会出现形如棋盘的波状云。

在高空，由于水汽含量非常少，且水汽在低温下会直接凝华变成冰晶，所以形成的冰晶会少而分布不均。若有风吹动，这些冰晶就会随风移动，便形成了一种形状似千丝万缕的云，我们称之为卷云。

◆荚状云

有时，我们亦会看到一种豆荚形状的云，它的形成主要是由局部的上升气流和下降气流相遇造成的。当气流上升，其中的水汽凝结形成云时，若又正巧遇到下降气流的抑制，则云体不仅不能继续向上发展，其边缘还会因蒸发而变薄，于是就形成了我们所看到的豆荚状的云。

总的来说，云主要有三种形态：一大团的积云、一大片的层云和纤维状的卷云。

讲解——云的分类

科学上云的分类最早是由法国博物学家让·拉马克（Jean Lamarck）于1801年提出的。

1929年，国际气象组织以英国科学家路克·何华特（Luke Howard）于1803年制定的分类法为基础，按云的形状、组成、形成原因等把云分成了十大云属。而这十大云属又可按其云底高度（仅适用于中纬度地区）划分成三个云族：高云族、中云族、低云族。另外，还有一种分法则将积云与积雨云从低云族中分出，称为直展云族。

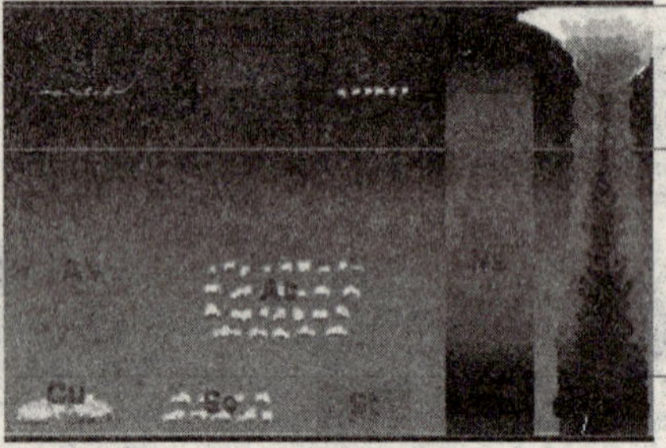

◆在不同高度分布的各种类型的云

高云族形成于6000米以上高空，处于对流层中较冷的区域。在这个高度的水都会凝固结晶，所以这族的云都是由冰晶体所组成，一般呈纤维状，薄薄的，且多数是透明的。高云族中包括卷云（Ci，Cirrus）、卷积云（Cc，Cirrocumulus）和卷层云（Cs，Cirrostratus）三个云属。

中云族形成于2500～6000米的高空，由过度冷冻的小水点组成。包括高积云（Ac，Altocumulus）和高层云（As，Altostratus）两个云属。

◆积雨云

低云族形成于2500米以下的大气中，包括浓密灰暗的层云（St，Stratus）、层积云（Sc，Stratocumulus，

不连续的层云）和浓密灰暗兼带雨的雨层云（Ns，Nimbostratus）。

直展云包括积云（Cu，Cumulus）和积雨云（Cb，Cumulonimbus）。它有非常强的上升气流，所以可以一直从底部长到更高处。例如，带有大量降雨和雷暴的积雨云就可以从接近地面的高度开始，然后一直发展到25000米的高空。在积雨云的底部，当较冷的下降空气与较暖的上升空气相遇时，会形成像一个个小袋的乳状云。而薄薄的幞状云则会在积雨云膨胀时在其顶部形成。

1. 大气中的“凝结核”有哪些？
2. 说说看，你都看到过哪些形状的云？
3. 查查资料，看看最高的云能有多高？
4. 气象学家们是依据什么对云进行分类的？

天空的魔术
——奇云轶事

霭霭纷纷不可穷，
戛笙歌处尽随龙。
来依银汉一千里，
归傍巫山十二峰。

呈瑞每闻开丽色，
避风仍见挂乔松。
怜君翠染双蝉鬓，
镜里朝朝近玉容。

——唐 姚合《咏云》

◆空中“飞鱼”

与自由的舞者牵手

隐形云

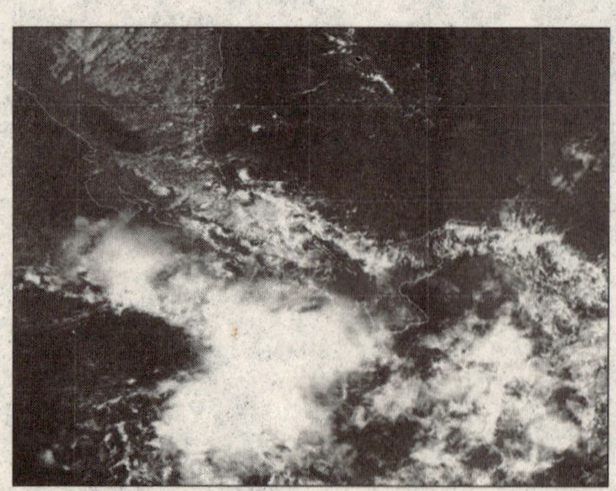
◆由 MODIS 检测出的隐形云

某日，前苏联科学院西伯利亚分院大气光学研究所的学者们，在乘飞机对西伯利亚和远东地区上空的大气进行观测时，看到外面天空阳光灿烂，万里无云。可是，飞机上的云层观测雷达屏幕上，却出现了清晰无误的云层显示。这在人类大气观测和研究历史上是第一次发现隐形云的存在。

◆MODIS 检测出的隐形云（1.38㎛ 波段下）

经过几年的连续观察和测试，学者们又在其他地区上空发现了这种隐形云。为什么人的肉眼无法看到这片云？难道天空也有魔法师？

原来，隐形云由极微小的分子构成，几乎不反射阳光，因此人眼无法看见。这些微小的分子主要来自火山爆发的微粒尘埃，由于高气压的影响，在 1200～3500 米的空中形成了我们所说的隐形云。

一般只在阳光充足的晴朗天气才有隐形云，特别是落日时刻最容易捕捉到它们。其长度一般在 40 千米以内，云层厚度在 1 千米以内。

图片说明

上边的两幅图显示了由 MODIS 检测出，科学家称为“Sub—visable cirrus”的隐形卷云。最上面的一幅图是由电磁光谱议的可见光部分所收集的资料得来，显现的是肉眼可见的部分图像，图中中央和下方的云层清晰可见。然而，在 1.38μm 波长下所收集的数据所显影的图像，我们却看到图片中还有一层薄薄的云层。

飞碟云

我们一般看到的“飞碟云”，其实大多数是由层积云和荚状高积云形成的。由于这种云的形状太过特别，因而常被误报为不明飞行物体。那这种云是否真的跟不明飞行物的出现有关呢？

飞碟云因其形状像一块凸透镜，在气象学上一般被划分为凸透镜云，也是我们一般称作的荚状云。

◆飞碟云

其实飞碟云是正常产生的云，常见于山脊和高山上。其中苏格兰是常出现飞碟云的地方之一。

一般荚状云的形成，多是由于空气流经山丘时，受地形作用的影响，被抬升至大气上方，气流则在山丘后方波浪式地推进，在波峰上，空气中的水分凝结成云，经过一段时间的积聚，便形成一层层像由大小不同的头盔堆叠而成的荚状云。而另一种产生荚状云的原因是因为大气中局部上升气流和下降气流汇合所致。

七彩云

彩云是一种相对来说较少见的自然现象，通常它们都带有不寻常的鲜明色彩或七彩并现。这类云由大小很均匀的微细水滴组成，当太阳处于适当的位置，同时又被厚云遮住时，这些较薄的云会大量且同步调（同相）地衍射太阳光，把不同色彩的阳光向不同的方向折射。于是人们就看到了彩色的云。

◆2003 年 1 月在挪威拍摄的彩云

其实，许多云刚形成的时候，通常都会出现一些均匀且可以发生同相折射产生彩云的区域，不过由于它很快就会变得太厚，再加上可能受到离太阳太远等因素的影响，使得这种鲜明的色彩没有机会得到呈现。

傲视夜空——夜光云

夜光云是经常出现在地球高纬度地区高空的一种发光而透明的波状云，多出现于 70000～90000 米的高空，云层厚度一般不足 2000 米，云面

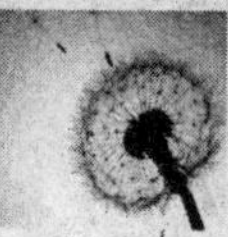

积则可达300万平方千米，呈淡蓝色或银灰色。

夜光云存在的时间从几分钟到几个小时不等，光亮度较弱的夜光云一般用肉眼看不见，只有用紫外或红外光学仪器观察。只有当太阳在地平线以下6°～12°，即低层大气在地球阴影内，而高层大气被日光照射时，才能用肉眼直接观察到夜光云。

◆赛马湖上空出现的夜光云

一般认为夜光云是由覆着水冰的微尘（一些学者认为这些微尘是来自进入了大气层的流星和殒石等外层空间物质）所构成。但最近又有证据显示，有部分夜光云，是由航天飞机废气中的水所凝结而形成的。

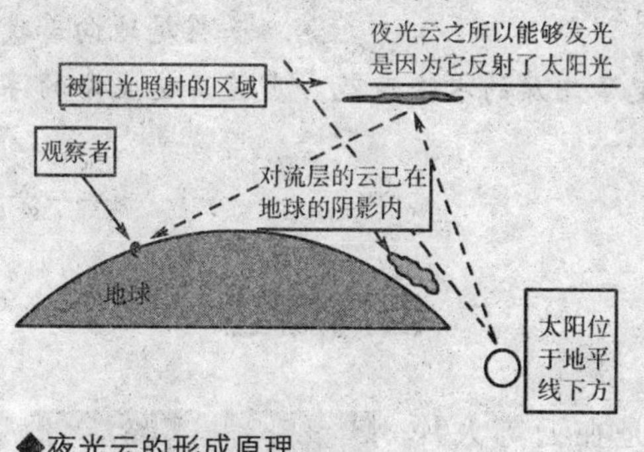

◆夜光云的形成原理

1. 飞碟云里真的有UFO吗？
2. 七彩云是如何产生的？
3. 为什么有的地方晚上也能看到云？
4. 上网找找看，哪个地方出现的夜光云最漂亮？

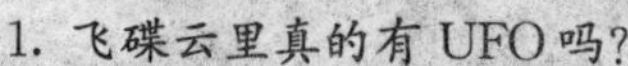

蓬莱仙境——云海

◆拉帕尔马天文台的云海

玫瑰汁、葡萄浆、紫荆液、玛瑙精、霜枫叶——大量的染工，在层累的云底工作；

无数蜿蜒的鱼龙，爬进了苍白色的云堆。

……

云海也活了；眠熟了兽形的涛澜，又回复了伟大的呼啸，昂头摇尾地向着我们朝露染青馒形的小岛冲洗，激起了四岸的水沫浪花，震荡着这生命的浮礁，似在报告光明与欢欣之临莅……

——徐志摩《泰山日出》

云海概述

云海，指的是在云雾大片聚集的情况下，从上向下俯视，云雾顶部起伏流动宛如大海的样子。

最容易观看到云海的地方是在飞机上，其次是高山，再次是摩天大楼。其中，又以高山的云海最为可观。因为在高山上，云海盘踞山间，峰峦或隐或现，犹如海上小岛，也最

◆世界之巅——珠穆朗玛峰上的云海

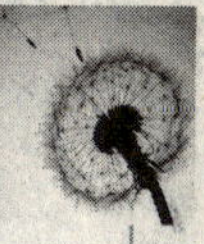

切合云海之名。

飞机由于飞行高度高，国际线的航班更是在对流层顶部飞行，所以几乎都能见到一望无际的云海。摩天大楼因为高度不及高山，观看到云海的机会不多，而且从摩天大楼观看到的云海大多是由雾气所形成的“雾海”，比云海稀薄，常发生于气温较低的清晨，此时高楼间或出“头”，亦别有一番风味。

◆云间天际——美国纽约

黄山云海

云海是山岳风景的重要景观之一，而在日出和日落时还会形成五彩斑斓的云海，蔚为壮观。

黄山云海，漫天的云雾和层积云，随风飘移，时而上升，时而下坠，时而回旋，时而舒展，构成一幅奇特的千变万化的云海大观。

黄山云海由低云（云底高度低于 2500 米）和地面雾形成。低云主要是层积云，每年 11 月至次年 3 月间，有 97％的云海由层积云形成，只有 3％由层云或雾形成。而 6 至 9 月，则会有淡积云和浓积云形成的云海，约占这个时期云海总数的 6％。

◆黄山云海

黄山云海的形成，与其特有的地理环境有关。黄山山高谷低，林木繁茂，再加上日照时间短，水分更不易蒸发，因而湿度大，水汽多。雨后便会有缕缕轻雾，自山谷升起。全年平均有 250 日有雾，真可谓云雾之乡。

小知识

黄山地处皖南山区的中部，地形崎岖，幽壑纵横。景区内海拔 1400 米以上的山峰众多，而莲花峰（1864 米）、光明顶（1860 米）、天都峰（1810 米）三大高峰都在海拔 1800 米以上，因此，在气候条件适宜的情况下，很容易观赏到云海奇观。

知识库——云海为什么总在冬、春季？

◆黄山云海

冬、春季节，大气中低层的气温低，层积云的凝结高度低（约在 800～1200 米之间），冷空气活动频繁。过程性天气活动明显，在雨雪天气后，常出现大面积的好云海，尤其是壮观的云海日出。入夏后渐进梅雨季节，随着气温升高，云的凝结高度升到 1500 米左右，云层高度超过或接近大部分峰顶，这时候云雾笼罩，不易看到云海。7 月至 8 月份，为黄山盛夏，这段时间常受太平洋副热带高压控制，气温上升，低云的凝结高度也上升到全年的最高度。山的阴面，湿度大，容易形成对流。上午到午后，山头周围常有淡积云和浓积云形成，但由于云层高于峰顶，因而云海少见。在傍晚或早晨，偶而可以看到由积云、层积云形成的云海，但由于环流影响，极易消散，云海维持的时间较短。入秋以后，约 9 月至 10 月份，由于北方冷空气的影响，气温下降，低云的凝结高度也随之下降。冷空气过后，常出现大面积的云海。

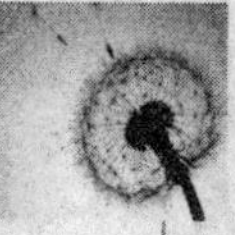

峨眉山云海

峨眉山云海，由低云组成。上半年以层积云为主，下半年以积状云和层积云交错而成。峨眉山的雾日，年平均为322天，有时甚至多达338天。这低云多雾汇成的云海，自然和其他地方的云海不同。峨眉山的七十二峰，大多在海拔2000米以上。峰高云低，云海中浮露出许多岛屿，云腾雾绕，白浪滔滔，宛若佛国仙乡。

◆峨眉山云海

晴空万里时，白云从千山万壑中冉冉升起，顷刻，茫茫苍苍的云海如雪白的绒毯一般平展铺在地平线上，光洁厚润，无边无涯。有时，地平线上有云，天空中也有云。人站在两层云之间，仿若置身仙境。

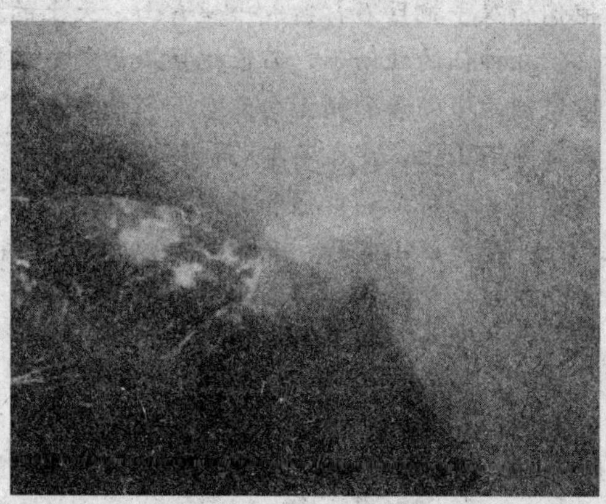

◆峨眉山云海中的佛光

山风乍起时，云海飘散开去，群峰众岭又似变成一座座海中的小岛。云海汇聚时，千山万壑又掩藏得无影无踪。如此时开时合，恰似“山舞青蛇”，气势雄伟。

风紧时，云海忽而疾驰、翻滚，忽而飘逸、舒展，似天马行空，大海扬波。有时，我们能看到云海中激起无数蘑菇状的云柱，腾空而起，又徐徐散落下来，化作淡淡的缕缕游云，蔚为壮观。南宋诗人范成大就曾赋诗惊叹这幻变的云海：“明朝银界混一白，咫尺眩转寒凌兢。天容野色倏开闭，惨淡变化愁天灵。”

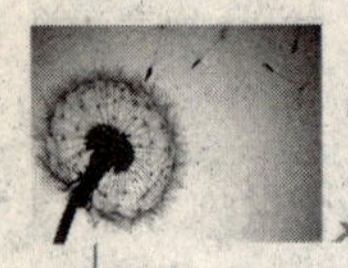

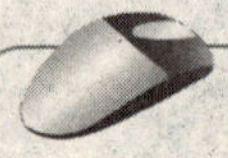

点 击

南宋范成大把云海称“兜罗绵世界”（兜罗：梵语，树名，它所生的絮名兜罗绵），佛家叫作“银色世界”。在中国四大佛教名山中，佛家又把“银色世界”作为峨眉山的代称，如同五台山叫“金色世界”，普陀山叫“琉璃世界”，九华山叫“幽冥世界”。

美丽的传说——“峨眉山”的由来

从前，峨眉山只是一块方圆百余里的巨石，颜色灰白，高接蓝天，寸草不生。为了建设美好的家园，一个聪明能干的石匠同他的妻子巧手绣花女，决心用他们的双手把巨石打凿成一座青山。天上的神仙被他们的决心和努力所感动了。

在神仙的帮助下，石匠把巨石凿刻成起伏的山峦和幽深的峡谷；绣花女把精心绣制的布帕和彩帕抛向天空，彩帕飘向山顶，变成艳丽无比的七彩光环；布帕飘舞在石山上，变成苍翠的树林、飘逸的彩云、飞瀑流泉、怒放的山花，变成欢唱的飞鸟、跳跃的群猴和游走的百兽。

一座座青山起舞，一道道绿水欢歌。因为这座青山像绣花女的眉毛一样秀美，所以人们把这座青山叫做峨眉山。

1. 我们能够在哪些地方见到云海？
2. 云海是怎样形成的？
3. 为什么云海的出现还跟季节有关？
4. 摩天大楼上看到的云海是云形成的吗？

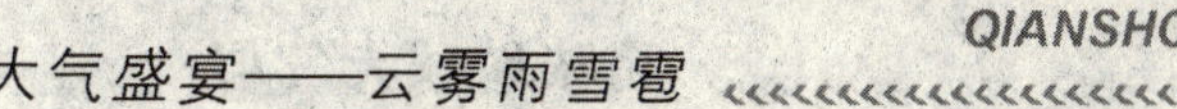

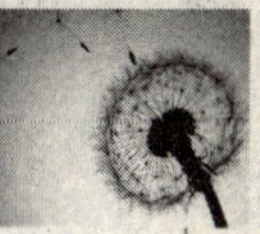

天堂的眼泪——酸雨

工业革命的爆发，给世界带来了翻天覆地的变化。我们每天都在感受着工业进步给我们带来的福祉。然而，就在我们沉浸在自己的成就和幸福中时，天空却似乎嫉妒得生出了些许“醋意”。打翻了这个“醋坛子”，人类还真是有点招架不住……

◆被酸雨侵蚀的石雕

酸雨的发现

近代工业革命，从蒸汽机开始，而后火力电厂星罗棋布，燃煤数量日益猛增。

1872年英国科学家史密斯分析了伦敦市雨水成分，发现它呈酸性，而农村雨水中含碳酸铵，酸性不大；郊区雨水含硫酸铵，略呈酸性；市区雨水含硫酸或酸性的硫酸盐，呈酸性。于是史密斯首先在他的著作《空气和降雨：化学气候学的开端》中提出“酸雨”这一专用名词。

◆白雾笼罩的伦敦

知识库——pH 值与酸雨

pH 值是用来表示溶液酸碱程度的数值。当 pH 值为 7 时，表示溶液呈中性；小于 7 时，表示溶液呈酸性，且数值越小，酸性越大；大于 7 时，表示溶液呈碱性，且数值越大，碱性越强。

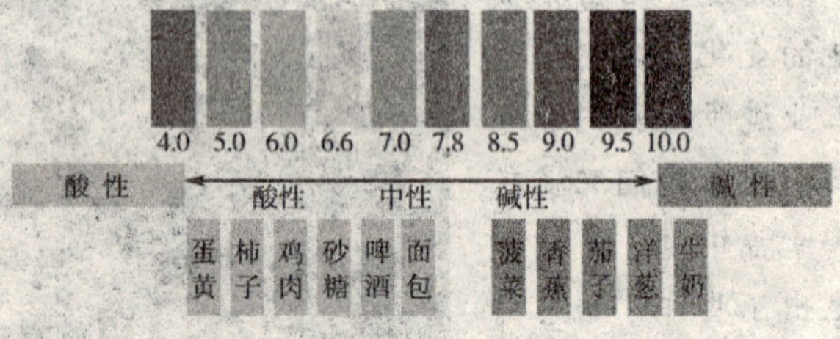

◆pH 值表

通常，纯净的雨雪是中性的，其 pH 值近于 7。但由于大气中有二氧化碳的存在，正常的雨雪会略呈酸性，pH 值约为 5.6。因而，只有 pH 值小于 5.6 的雨，我们才称之为酸雨；对应的，pH 值小于 5.6 的雪我们称之为酸雪；若低空或高山（如峨眉山）上弥漫的雾 pH 值小于 5.6，则被称为酸雾。

酸雨的形成

酸雨中含有多种无机酸和有机酸，绝大部分是硫酸和硝酸。它的成因是一种复杂的大气化学和大气物理现象。

◆蒸汽机动力火车——工业化起源

工业生产、民用生活燃烧煤炭排放出来的二氧化硫，燃烧石油以及汽车尾气排放出来的氮氧化物，经过“云内成雨过程”，即水汽凝结在硫酸根、硝酸根等凝结核上，会发生液相氧化反应，形成硫酸雨滴和硝酸雨滴。又经过“云下冲刷过程”，即含酸雨滴在下降过程中不断合并吸附、冲刷其他含酸雨滴和含酸气体，形成较大雨滴，最后

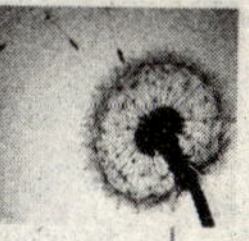

降落在地面上，形成了酸雨。

由于我国多燃煤，所以一般都是硫酸型的酸雨。而以石油为主要燃料的国家则主要是硝酸雨。

讲解——酸雨形成的影响因子

一般来说，某地二氧化硫污染越严重，降水中硫酸根离子浓度就越高。但是，

来么硫雾在的酸性气体污染，忽而飘逸、舒展，似天马行空，似人们注意到，二氧化硫排放量大、浓度高的地区，降水酸度不一定比二氧化硫排放量小、浓度低的地区降水酸度大。这是为什么呢？

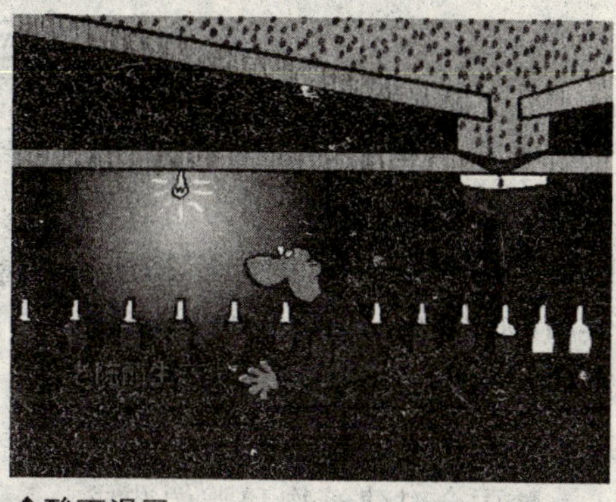

◆酸雨漫画

1. 大气中的氨的缓冲作用

大气中存在的碱性气体主要是 NH_3，它在中和酸性物质方面起着重要的作用。当同时考虑自然界中 CO_2 和 NH_3 时，自然降水的 pH 值约为 7。排放入大气中的 SO_2 经氧化产生的硫酸，具有很低的蒸汽压，只要大气中存在着 NH_3，就会很快反应生成难分解的硫酸铵。另外，大气中的氨进入云水和雨水后，能有效地增加 pH 值。

◆火力电厂排放的浓烟

2. 碱性粒子的缓冲作用

大气中的碱性粒子主要来源于土壤和沙尘。其中 Ca^{2+} 对酸雨的中和起着非常重要的作用，其次是 Mg^{2+}。这些碱性粒子的存在，会使降水的 pH 值升高，从而降低降水的酸性。例如，我国北方与南方相比较，虽然 SO_2，NOx 等的排放量要远大于南方，但其降水的 pH 值却高于南方，主要就是因为北方土壤中碱性物质的含量大于南方土壤中碱性物质的含量，再加之北方土壤与南方相比缺乏植被的覆盖，因而北方大气中碱性粒子的含量要比南方高，从而对酸性降水具有

较大的缓冲作用。此外，沙尘也对致酸物质有一定的中和作用。

3. 海盐氯循环的缓冲作用

海盐的氯循环使经过海洋上空输送的致酸大气污染物转化为中性盐，从而缓冲了这部分大气的酸性。

4. 天气形势的影响

如果气象条件和地形有利于污染物的扩散，则大气中污染物浓度降低，酸雨就减弱，反之则加重（如逆温现象）。

酸雨的危害

1967年俄亥俄河上的桥倒塌，造成46人死亡。主要原因就在于酸雨的腐蚀。

通常，降水如果呈弱酸性，对自然界是有益的。因为弱酸性降水可以溶解地面中的矿物质，供植物吸收。但是，如酸度过高，即 pH 值降到 5.6 以下时，就会产生严重危害。

酸雨会对建筑物和雕像造成侵蚀。因为，石灰岩和大理石跟酸接触后会转变为一种叫作石膏的粉碎物质。因而，桥梁将以更快的速度被腐蚀，铁路工业和飞机工业必须花费更多的钱来修补由酸雨造成的损害。而酸雨对暴露在外的雕像的侵蚀，是对文化资产的严重破坏。

◆酸雨对森林的危害

不仅如此，酸雨还会影响农作物稻子的叶子，而土壤中的金属元素因被酸雨溶解，会造成矿物质大量流失。植物无法获得充足的养分，将导致其枯萎、死亡。

酸雨的防治

大气无国界，防治酸雨是一个国际性的环境问题，不能依靠一个国家

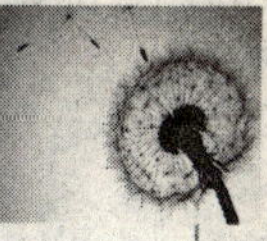

◆酸雨危害漫画

单独解决，必须共同采取对策，减少硫氧化物和氮氧化物的排放量。

1979年11月在日内瓦举行的联合国欧洲经济委员会的环境部长会议上，通过了《控制长距离越境空气污染公约》，并于1983年生效。《公约》规定，到1993年底，缔约国必须把二氧化硫排放量削减为1980年排放量的70%。欧洲和北美（包括美国和加拿大）等32个国家都在公约上签了字。为了实践承诺，多数国家都已经采取了积极的对策，制订了减少致酸物排放量的法规。

目前世界上减少二氧化硫排放量的主要措施有：

1. 原煤脱硫技术，可以除去燃煤中大约40%～60%的无机硫。

2. 优先使用低硫燃料，如含硫较低的低硫煤和天然气等。

3. 改进燃煤技术，减少燃煤过程中二氧化硫和氮氧化物的排放量。例如，液态化燃煤技术，利用加进石灰石和白云石，与二氧化硫发生反应，生成硫酸钙随灰渣排出。

4. 对煤燃烧后形成的烟气，在排放到大气中之前进行烟气脱硫。目前主要用石灰法，可以除去烟气中85%～90%的二氧化硫气体。

5. 开发新能源，如太阳能、风能、核能、可燃冰等，但由于开发新能源的成本较高，因而还有待于进一步的技术突破。

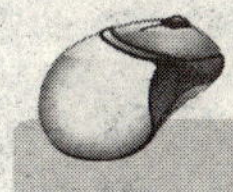

点击——世界三大酸雨重灾区

当前，世界最严重的三大酸雨区是西北欧、北美和中国。欧洲北部的斯堪的纳维亚半岛是最早发现酸雨，并引起注意的地区。在20世纪70年代，西北欧的降水pH值曾降至4.0，还向海洋和东欧不断扩展，北美的东部降水pH已降至4.5，中国、日本、亚非区国家降水pH值也在不断下降。

欧洲主要以北欧瑞典和挪威的酸雨比较突出，在20世纪70年代，降水pH

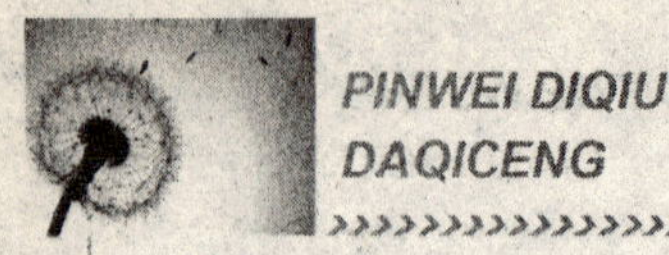

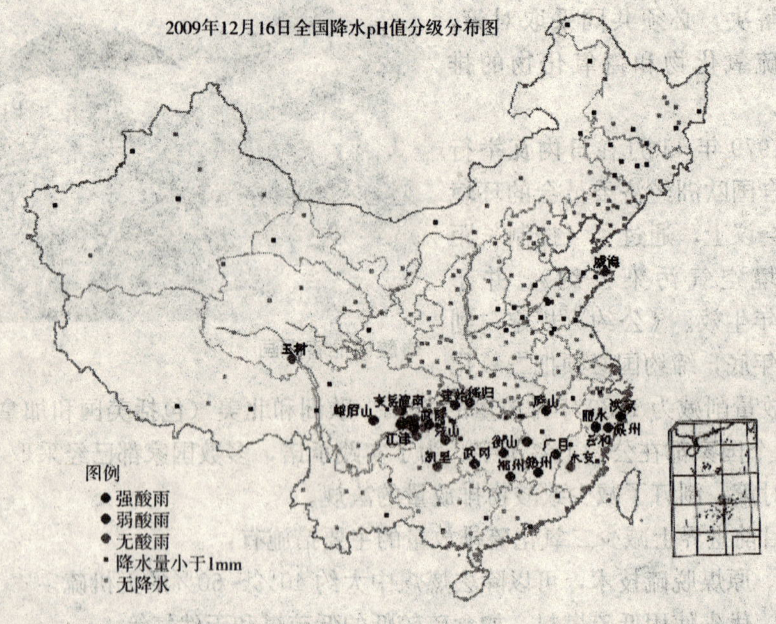

◆2009 年某日全国酸雨分布

值已经低至 4.0～4.5。英国则是欧洲二氧化硫和氮氧化物排放量最大的国家之一，酸雨也比较严重。

北美降水 pH 值以美国和加拿大最低，为 4.0～4.5，最低值出现过 3.2。美国酸雨始于 20 世纪 50 年代初期。由于美国很早就在发电站和大企业采用 200～300 米高烟囱排放二氧化硫，令二氧化硫等污染物大量被扩散到远离排放口的地区，使与其相邻的加拿大深受其害。加拿大境内的不少酸雨，是因为美国排放的污染引起的。20 世纪 80 年代开始，美国采取一系列措施控制二氧化硫和氮氧化物的排放量，才使得整个美国的降水 pH 值没有继续降低。

我国酸雨大部分分布在长江以南，其中四川、贵州、湖南、广西、广东、江西、安徽、江苏、浙江等附近酸雨频率在 40% 以上，西自四川峨眉山、重庆、金佛山、贵州遵义、广西柳州、湖南洪江和长沙，东至安徽徽州，形成了一条突出的酸雨带，酸雨频率均在 80% 以上。20 世纪 70 年代以来，我国的酸雨一直呈发展趋势，形成了华中、西南、华南和华东四大酸雨区，使我国成为仅次于欧洲和北美的世界第三个主要酸雨区。

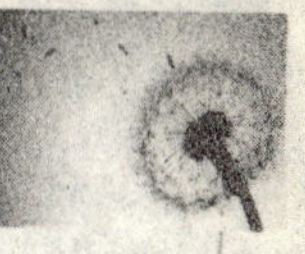

看得见摸不着的雨——幻雨

◆一望无际的沙漠

走进非洲北部的撒哈拉大沙漠，仿佛进入了一个没有生命的世界。这里，没有鸟语花香，没有青山绿水，有的只是毒辣的炎炎烈日和无情的茫茫沙海。

当你踏上这片生命禁区，在烈日的暴晒下，酷暑难忍时，一定特别希望天空能下场雨，来润一润干得快要冒烟的嗓子！

还别说，上天有时还真能如你所愿。就是那么一转眼的功夫，天空就变得乌云密布，不一会就能看到从天而降的雨露。正当人们喜不自禁，为之欢呼的时候，却发现，下到半空中的雨，突然就没了，仿佛有一股无形的力量硬生生的将雨给收了回去。

这到底是怎么回事？下下来的雨为什么会在顷刻间化为乌有？

幻雨

其实，不能怪老天，因为天空确实下了雨。这种下到半空的雨，是撒哈拉大沙漠中特有的一种气象奇观，因为看得见摸不着，常让人觉得看到了的雨是一种幻象，因而就将这种雨称作“幻雨”。

虽然撒哈拉沙漠总是炎热高温，但沙漠上空偶尔也会有冷空气流动，当出现乌云汇聚时，便会降下一阵雨来。但是，由于撒哈拉大沙漠的低空极度酷热，再加上非常干燥，所以雨点还没有降落到沙地上，就在空中蒸发掉了。于是，便形成了人们所看到的幻雨。

知识窗

撒哈拉沙漠

撒哈拉大沙漠是世界上最大的沙漠，位于非洲的阿特拉斯山脉和地中海以南，250毫米等雨量线（约北纬14°线）以北，西起大西洋海岸，东临红海的广阔地区。它南北宽约1600千米，东西长达5600千米，横贯非洲大陆北部，面积达960万平方千米，几乎占了非洲大陆的1/3，与我国的国土面积相当。

其实，幻雨的出现，说明地面附近的空气已异乎寻常的干燥和炎热，上升的热空气流已相当强劲，很有可能引发危险的沙暴。所以，幻雨也常常被驼队中经验丰富的驼手视作判断撒哈拉大沙漠中沙暴灾害来临的先兆之一。

广角镜——撒哈拉大沙漠的气象奇观

在这片广袤无垠的大沙漠里，除了会出现看得见摸不着的“幻雨”之外，还有一些其他的独特气象奇观。

在炎热的撒哈拉大沙漠，烈日当空，万里无云，突然从天空中传来一种奇怪的声响，高亢而断续。时有时无的沙漠天籁之音过后，就会看到沙漠中高大沙丘

◆沙暴

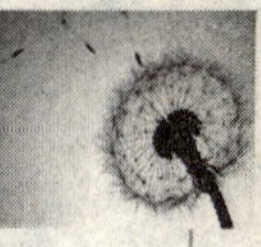

◆沙漠中的岩石

的顶峰开始运动了。那是热空气旋转上升时，将沙丘顶部的沙粒卷上了高空，一会儿飞上高空的沙粒就形成了巨大的黄色沙暴，顶天立地，旋转不已。刹那间，狂风大作黄沙漫天，遮天蔽日的风沙让太阳变成暗红色，直至完全消失。飞沙打在脸上，如针扎一般疼痛，甚至能刺破皮肉渗出血来。就这样，一场惊心动魄的沙暴开始了。鸡蛋大的石块也像沙粒一样被刮得到处飞舞，沉重的驼鞍也能被刮到几百米之外，被风暴卷上高空的沙粒又会从高空突然砸下来，人畜遭受到成堆沙粒的袭击，死伤就难以避免了。这种沙暴往往两三小时后便会消失，届时，沙漠又会恢复死一般的寂静。但是，也有长达一两天的大沙暴。当地阿拉伯人赶着驼队穿越沙漠，最怕遇上的就是沙暴。

在撒哈拉大沙漠还会出现大雾弥漫，能见度极低的天气。然而形成浓雾的并不是小水珠，而是在非常干燥的空气中布满了尘埃，这就是人们所说的“干雾”。在无风的日子里，悬浮在低空的尘埃久久不能散去，能见度大大降低后，即使经验丰富的阿拉伯商人，甚至沙漠之舟——骆驼也无法辨别方向。为了避免迷路而误入大沙漠纵深的死亡之地，当地人按习惯在沙漠道路的两旁，每隔一定的距离，垒起一堆石块作为路标，以便在干雾中正确辨别方向，安全走出沙漠。

此外，在撒哈拉大沙漠的夜晚，人们还常能听到一些爆炸、崩裂声。这些声音有远有近，有响有弱。有的似火炮轰鸣，有的好像霹雳雷鸣，有的又宛如战鼓咚咚。不要以为这是什么灾害来临的先兆，其实它只不过是一种正常的自然现象。撒哈拉大沙漠酷暑炎热，在如火骄阳的烘烤下，中午时气温总在50℃以上，沙面的温度更是高达70℃至80℃。可是一到晚上，狂风呼啸，气温很快降至0℃，甚至更低。于是岩石表面的温度也迅速接近0℃，而岩石内部的温度却一时来不及下降，这样岩石表里的温差就会很大。由于热胀冷缩的缘故，岩石表层骤冷收缩，而岩石内部不能同步冷缩，结果岩石表层便因此崩裂，发出了各种声响。

魔鬼雨

新疆吐鲁番地区的暑热季节，有时能看到这样的情况：天上乌云翻

◆雨幡

滚，并间或有电闪雷鸣，空中也能见到闪亮的雨丝，人举手在空中晃动，有时也能摸到雨丝，感到有些许凉意；但奇怪的是，地面仍旧热尘沸扬，见不到一滴雨。于是，当地人就把这种雨称为“魔鬼雨”。

“魔鬼雨”在气象上被称作“雨幡”，是在特定的气象条件下形成的。在吐鲁番地区的暑热季节，气温相当高，最高气温曾达 50.6℃（1986 年 7 月 23 日），地面温度则更高，能达 70℃左右；因而，其蒸发量很大，年均蒸发量可达 3000 毫米；而年平均降水量却只有 16 毫米，所以，那儿的空气异常干燥，湿度非常小。在这样的天气条件下，如果云底较高，云中产生的降水又比较少时，雨滴从云底下落以后，还未到达地面就会被云下部不饱和的空气蒸发掉，从而成了人们所看到的“魔鬼雨”。与撒哈拉沙漠的幻雨形成原理相似。

知识库

雨幡

雨幡指的是雨滴在下落过程中不断蒸发、消失而在云底形成的丝缕条纹状悬垂物。因为悬挂于云底的丝缕条纹状雨滴或冰晶，随云飘荡，形似旗幡，所以得名。但因空气干燥，雨雪未及落地，就在空中蒸发，从而形成空中降水现象。分为雨幡和雪幡两种。雨幡多在积雨云、雨层云、高积云和层积云下出现，雪幡则多在卷云下出现。

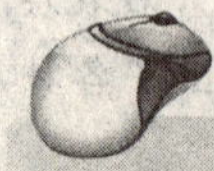

点击——红雨

在英国谢菲尔德大学微生物学实验室内的物品架上有一个神秘的小玻璃瓶，瓶中装着一种奇怪的混沌不清的猩红色液体。猛然一看，还以为这只是一种很普通的红色液体，可事实上，这是现代气象史上一大怪异现象的残留物——红雨

◆红雨染红了河水

雨水。

2001年7月25日，印度西部喀拉拉邦突降“红雨”，血红色的液体断断续续地下了两个月。在部分地区，红雨如注，海岸、河水都被染成一片鲜红，当地居民用自来水洗衣服，衣服也被染成了粉红色。随着秋日来临，猩红色的树叶飘零落下，整个大地被铺成了一片血红。

为什么会下“红雨”，红色从何而来？这一奇怪的现象吸引了世界各地的研究者前往一探究竟。

◆在扫描电子显微镜下的红雨

一些调查人员认为，“红雨”不值得大惊小怪。他们认为，降雨发生前，强风带来了阿拉伯地区的红土，随着降雨发生，红土夹杂在雨水中降落，使雨变成了红色，整个降雨区域也因此被染得一片鲜红。

但是，这种说法遭到了许多人的反对。他们认为突然两个月连续不断地刮强风，不断地带来阿拉伯地区的红土，这对天气的要求太严苛了，而且也不太可能出现这样的情况。

同时，有科学家对雨水进行研究后发现，雨水中竟有着与微生物极其相似的结构组成，具有生命之初的种种特征！甚至还有一些科学家认为，这是来自地球外部的生命标本，认为这是迄今为止收集到的首个显示出生命迹象的“天外来物”。

到底红雨是怎么发生的呢？科学家们至今仍然在争论着。

拓展思考

1. “幻雨”是人的幻觉产生的吗？
2. “魔鬼雨”是如何形成的？
3. 什么是“雨幡”？
4. 上网查查资料，看我们生活的地球还发生过哪些奇特的降雨？

妙手腾六——多姿的雪花

1600多年前的东晋时代，有一年的冬天，宰相谢安正与几个小孩坐在厅堂内观赏雪景，屋外，雪花漫天飞洒。谢安触景生情，向孩子们发问："纷纷的白雪与什么东西相似？"其中一个男孩不假思索地说："像在空中撒盐！"过一会，一个十来岁的女孩子说道："柳絮因风起。"好一个柳絮因风起，小女孩的回答，不仅对雪花的颜色作了形象化的比喻，而且还说出了雪花轻盈飘逸的姿态。

那么，我们所看到的美丽的雪花是如何形成的呢？怎样的形状构成能让它拥有如此轻盈飘逸的姿态？

◆公园中厚厚的积雪

雪的形成

你知道吗，这些由微小冰晶所构成的云，叫做冰云，一般都处在较高的大气层中。

在极低的气温下，云中的水滴会过度冷却，但仍保持液体状态。遇到合适的条件，这些过冷的水滴就会蒸发，形成水汽，然后水汽又直接凝华成细微的冰晶。这些小冰晶在相互碰撞时，冰晶表面会增热而有些融化，接着又会互相沾合，重新冻结起来。这样重复多次，冰晶便增大了。此外，过冷水滴不断蒸发形成的水汽，使

◆雪人

冰晶也能靠凝华继续增长。

但是，由于冰云一般比较薄，而且处在较高的位置，所以在那里水汽不多。水汽不多，相互碰撞的机会就少，凝华增长就慢，因而不能增长到很大而形成降雪。即使引起了降雪，也往往因为冰晶太小而在下降途中被蒸发掉，没有机会落到地面。

最有利于冰晶增长的是混合云。混合云是由小冰晶和过冷却水滴共同组成的。当一团空气对于冰晶来说已经达到饱和，但对水滴来说还未饱和时，云中的水汽向冰晶表面上凝华，同时，过冷水滴在蒸发，这就产生了冰晶从过冷水滴上“吸附”水汽的现象。在这种情况下，冰晶增长得很快。

另外，过冷水滴是很不稳定的。一碰它，它就要冻结起来。所以，在混合云里，当过冷水滴和冰晶相碰撞的时候，就会冻结沾附在冰晶表面上，使它迅速增大。当小冰晶增大到能够克服空气的阻力和浮力时，便落到地面，形成了我们所看到的雪花。

讲解——形成降雪的条件

要形成降雪，第一个条件是水汽饱和。空气在某一个温度下所能包含的最大水汽量，叫做饱和水汽量。空气中水汽达到饱和时的温度，叫做露点。空气中的饱和水汽冷却到露点以下的温度时，空气里就会有多余的水汽变成水滴或冰晶。气温越低，冰晶增长所需要的湿度越小。因此，在高

凝结核是一些悬浮在空中的很微小的固体微粒。最理想的凝结核是那些吸收水分最强的物质微粒。比如说海盐、硫酸、氮和其他一些化学物质的微粒。

空低温环境里，冰晶比水滴更容易产生。

另一个条件是空气里必须有凝结核。有人做过试验，如果没有凝结核，空气里的水汽，过饱和到相对湿度500%以上时，才有可能凝聚成水滴。但这样大的过饱和现象在自然大气里是不会存在的。因而没有凝结核的话，地球上就很难能见到雨雪。所以，当久旱不雨，天空中有云时，可以通过增加凝结核的方式来进行人工降雨雪。

雪的形状

在放大镜下，你会发现，一片片的雪花，有的像六角形的薄板，有的像一根绣花针，有的像一截铅笔，有的却似向各个方向均匀张开的六把小扇子……形形色色，仪态万千。

但是，不管雪花有多少种形状，通过显微镜可以看见其错综复杂的构造大多都是六角形的，而雪花的中心一定呈现出对称的六角形，这是为什么呢？原来冰晶是一种呈六角形对称的晶体。对于六角形片状冰晶来说，由于它的面上、边上和角上的曲率不同，相应地具有不同的饱和水汽压，其中角上的饱和水汽压最大，边上次之，平面上最小。当空气中的水汽压相同的时候，由于冰晶各部分饱和水汽压不同，水汽在它上面凝华增长的

◆不同形状的雪花

◆电子显微镜下看到的扇状雪花

情况也就不相同。

形状、大小完全一样和各部分完全对称的雪花，在自然界中是无法形成的。在已经被人们观测过的这些雪花中，再规则匀称的雪花，也有畸形的地方。

例如，如果空气里的水汽压比面上的饱和水汽压大，而比边上的水汽压小，则水汽只在面上凝华，于是形成针状或柱状雪花。

当空气里的水汽压比边上的饱和水汽压大时，边上和面上都会发生凝华。由于凝华的速度还与曲率有关，曲率大的地方凝华较快，故在冰晶边上凝华比面上快，多形成片状雪花。

如果空气里的水汽压比角上的饱和水汽压要大，那么面上、边上、角上都有水汽凝华，但尖角处位置突出，水汽供应最充分，凝华增长得最快，便形成了枝状或星状的雪花。再加上在云里，冰晶不停地运动，它所处的温度和湿度条件也不断变化，这样就使得冰晶一会儿沿这个方向增长，一会儿沿那个方向增长，于是形成了我们所看到的多种多样的雪花。

此外，天气非常寒冷时，冰晶不易粘在一起，雪会呈细粉状的小雪珠状。雪珠是云中温度低于摄氏零度的许多小云滴在冰晶上互相碰撞凝结而成。仔细观察雪珠的形状，可以看出小雪珠是由许多细白的冰粒聚集而成的。

广角镜——雪盲

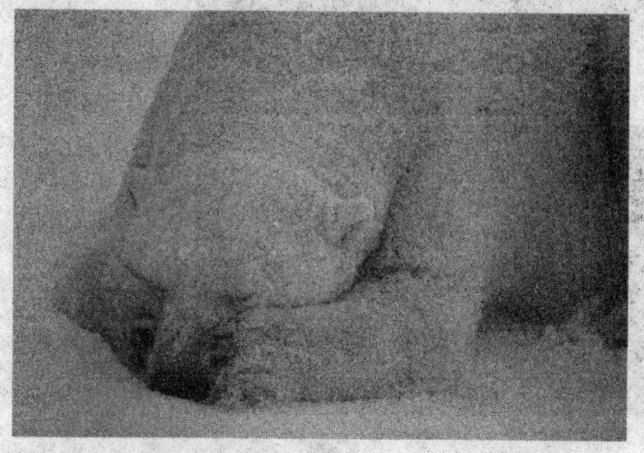

◆北极熊也怕眼睛被灼伤

住在北方的人会发现，冬季，当长时间呆在白茫茫的雪地里后，有时会出现两眼肿胀难忍，怕光、流泪、视物不清等症状，甚至眼前出现黑影，严重时还会出现间歇性失明。这种由积雪引起的眼部不适以及暂时失明的症状，就被人们称作“雪盲症”。

雪盲是人眼的视网膜受到强光刺激后临时失明的一种疾病。一般休息数天后，视力会慢慢恢复。

反射率，是指物体表面反射阳光的能力。比如，当我们说一个物体的反射率是45%时，就表示这个物体表面所接受到的太阳辐射中，有45%被反射了出去。

它的出现是由于雪对太阳光的高反射率造成的，而且一般纯洁新雪面的反射率能高达 95%。也就是说，这时候的雪面，光亮程度几乎都接近太阳光了，如此强烈的反射光，人肉眼的视网膜怎么能经受得住！

所以，为了防止雪地反射的紫外线伤害眼睛，在观赏雪景或在雪地里行走时，最好戴上黑色的太阳镜或防护眼镜，以预防雪盲。

如果发生了雪盲症的症状，则可以用眼罩、干净的纱布覆盖眼睛，并在黑暗的环境下用冷毛巾冰敷，并尽快就医。一般雪盲症的症状可在 24 小时至三天之内消除。

彩色雪

天空真的是一个很神奇的厨师，不仅造出了白色的雪，有时还会往里加点染料，给我们带来些新奇。

◆各种颜色的雪

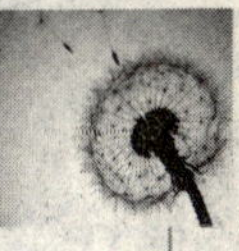

◆阿尔卑斯山顶灰色的积雪

1897 年，俄国圣彼得堡就下了一场黑雪。后来人们发现这飘落的雪花中竟裹着一种黑色的小昆虫，原来，这些黑色的小昆虫乘风漫游天空时，刚巧碰到天空正在飘落的雪，于是就形成了这罕见的黑雪。

在西藏察隅、德国海德堡和南极等地也曾观察到过红色的雪，当时人们还以为是什么“凶兆”，都非常害怕。其实，这是大风和红藻共同制造的一场恶作剧。在常年被冰雪覆盖的地区，这种藻类的分布非常广泛，繁殖能力也特别强，所以当大风吹来，这些藻类就会被卷向空中，若又恰逢下雪，则会粘在雪上，随着雪降到地面，很快就能将雪染成一片片的红色。

此外，内蒙古还下过黄色的雪，北冰洋斯比兹尔甚至还下过绿色的雪。

1. 查一查雪炮是什么？
2. 听过“六月飘雪”吗？六月真的会下雪吗？
3. 雪都是白色的吗？
4. “雪盲”是怎么一回事？

从天而降的透明霰弹——冰雹

每年夏季或春夏之交的时候，总是雨水充沛的季节！时不时天空一阵电闪雷鸣，雨就淅淅沥沥地落了下来，越来越大，瞬间倾盆。有时，我们除了能听到雨水淅淅沥沥地落到地上的滴答声或是打在窗户上哗啦啦的响声之外，还能听到一阵阵噼里啪啦的脆响。此时，你若往窗外望去，就会发现地面上布满了一颗颗晶莹剔透、亮闪闪的"小石头"，而且还不停地有新的从天而降，落到地上，弹起，落下，滚到一边……

◆布满冰雹的路面

冰雹及其形成

我们所看到的那些伴着雷雨降落的一颗颗质地坚硬，亮闪闪的小冰球，就是冰雹。冰雹是由霰或冰滴在气流升降特别强烈的积雨云中，随着气流反复上升、下降，并在这个过程中不断地与沿途的小冰晶、小水滴等合并所形成的，具有不透明和透明交替层次的冰块。当它增大到一定程度，上升气流无法支撑其重量时，便会降落到地面上来。

> 霰，又称雪丸或软雹，是白色不透明的近似球形或圆锥形的小冰粒。当下落的雨滴或融化的雪片穿过位于雨云下方气温很低的空气层时，就会结冰，形成硬的颗粒。这些颗粒的直径在2到5毫米之间，就被我们称作霰。

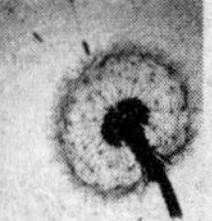

通常，能够形成冰雹的云，都是发展十分强盛的积雨云，而且只有发展特别旺盛的积雨云才可能降冰雹。因为这样的云中有强烈的上升气体，且云内有充沛的水分，而这些是产生冰雹颗粒必不可少的条件。这种云通常也被我们称作冰雹云。

◆一颗冰雹的大小

讲解——在冰雹云中冰雹又是怎样长成的呢？

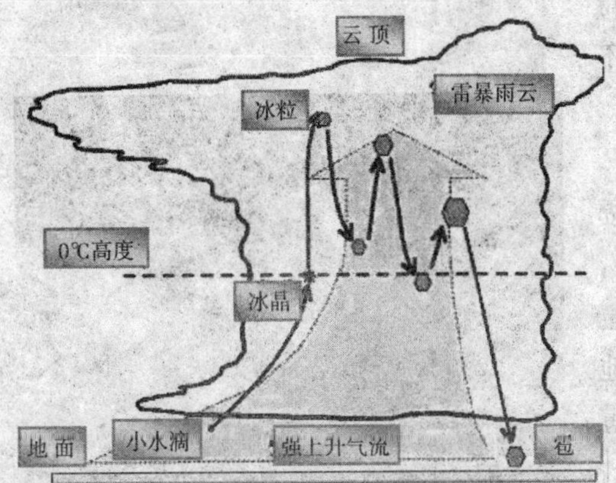

◆冰雹的形成示意图

冰雹云由水滴、冰晶和雪花组成。一般为三层：最下面一层温度在0℃以上，由水滴组成；中间层温度为0℃至～20℃，由过冷水滴、冰晶和雪花组成；最上面一层温度在－20℃以下，基本上由冰晶和雪花组成。

在冰雹云中强烈的上升气流携带着许多大大小小的水滴和冰晶随之运动，其中有一些水滴和冰晶结合形成较大的冰粒，并被上升气流输送到含水量累积区，成为冰雹核心。雹核在上升气流携带下进入生长区后，在水量多、温度不太低的区域与过冷水滴碰并，长成一层透明的冰层，再向上进入水量较少的低温区，这里主要由冰晶、雪花和少量过冷水滴组成，雹核与它们结合就会形成一个不透明的冰层。由于低温区的上升气流较弱，当它托不住增大了的冰雹时，冰雹

当人们把冰雹粒切开后，可以看到它的内部就像洋葱似的，一层一层地叠在一起。冰层的数目揭示了冰雹粒随气流上升和下降的次数。

便会下落，并在下落中不断地与冰晶、雪花和水滴结合，当它落到较高温度区域时，又会与其中的过冷水滴结合形成一个透明的冰层。这时如果遇到一股更强的上升气流，那么冰雹又将再次上升，重复上述过程。

冰雹就这样一层层不断地增长，由于每一层生长的时间、含水量和其他条件的差异，各层厚薄及大小特点也各有不同。最后，当上升气流支撑不住冰雹时，它就从云中落下，成为我们所看到的冰雹。

冰雹的危害

冰雹是春夏季节一种对农业生产危害较大的灾害性天气。冰雹出现时，常常伴有大风、剧烈的降温和强雷电现象。尽管大多数冰雹的直径只有几毫米，冰雹的降落往往会给人们带来大小不同的灾难。

中国冰雹最多的地区是青藏高原。例如西藏东北部的黑河（那曲）平均每年35.9天有冰雹。最多一年达到了53天，最少的一年也有23天。

冰雹是中国严重灾害之一。除广东省、湖南省、湖北省、福建省、江西省等地区冰雹较少外，各地每年都会受到不同程度的雹灾。尤其是北方的山区及丘陵地区，地形复杂，天气多变，冰雹多，受害重，对农业危害很大。猛烈的冰雹会打毁庄稼，轻者减产，重者绝收。此外，损坏房屋，人被砸伤、牲畜被打死的情况也常常发生。

◆大冰雹中小孩被砸倒

据有关资料统计，冰雹每年对我国农业、建筑、通信、电力、交通以及人民生命财产造成的经济损失达几亿元甚至几十亿元。

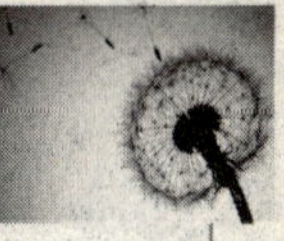

轶闻趣事——奇特的冰雹

1968 年 3 月，降落在印度比哈尔邦的最大一块冰雹，当场把一头小牛砸死，事后人们称那块冰雹竟有 1 千克重！更有甚者，1950 年，在阿塞拜疆降落了一块重达 10 千克的冰雹！

有意思的是，1894 年 5 月 11 日下午，在美国博文纳下了一场特大冰雹，人们将其中一块特大冰雹（直径 20 厘米左右）劈开后，发现冰雹里竟藏了一只乌龟！原来那天在博文纳正刮着旋风，乌龟被旋风卷上天空，充当了冰雹的凝结核。而更有甚者，在俄罗斯西伯利亚竟还降落过“人雹”！

最神秘的是，有时天空中万里无云，也会有巨大的冰雹落下，而且历史上曾有许多事件都可以证实飞机机翼曾遭受这样的冰雹袭击，而科学家至今都不知道其原因。

冰雹的防治

冰雹灾害给农业、电力以及人民的生命财产安全带来严重威胁，为了更好避免和减轻灾害带来的损失，首先要对灾害进行准确预报。这样人们就能够提前采取防御措施，将灾害带来的破坏减到最低限度。

◆气象雷达——测雨雷达

20 世纪 80 年代以来，随着天气雷达、卫星云图接收、计算机和通信传输等先进设备在气象业务中大量使用，大大提高了对冰雹活动的跟踪监测能力。各级气象部门将现代化的气象科学技术与长期积累的预报经验相结合，综合预报冰雹的发生、发展、强度、范围及危害，使预报准确率不断提高。并通过各地电台、电视台、电话、微机服务终端和灾害性天气警报系统等

天气雷达的种类繁多，一般用于检测冰雹的主要是测雨雷达和圆极化雷达。因为测雨雷达能探测冰雹、暴雨和强对流云体等天气，圆极化雷达则可用来识别风暴中有无冰雹的存在。

媒体发布“警报”、“紧急警报”，使人们可以提早作好防范。

对于农业生产，在多雹地带，可以多种植牧草和树木，这样就可以增加森林面积，改善地貌环境，从而破坏雹云的形成条件，减少冰雹的发生。可以选择多种植一些抗雹或恢复能力强的农作物以及及时抢收成熟的作物，这样可以减少冰雹带来的经济损失。此外，在夏季或春夏交接的冰雹频发季节，下地耕作时，可随身携带一些防雹工具，如竹篮、柳条筐等，这样可以减少冰雹带来的人身伤亡。

广角镜——人工防雹

◆正在进行人工防雹的战士

人工防雹，是为了让冰雹向人们期望的方向发展，以求能够减轻其对人们的生产生活造成的灾害。

我国是世界上人工防雹较早的国家之一。目前，已有许多省建立了长期试验点，并进行了严谨的试验，取得了不少有价值的科研成果。

目前常用的方法有：用火箭、高炮或飞机把碘化银、碘化铅、干冰等催化剂直接送到云里去或在积雨云形成以前在地面上把这些催化剂融进自由大气里。这些物质使冰雹云里的雹胚增多，冰雹自然就变小了。另外，在地面上向冰雹云放火箭打高炮，或在飞机上对雹云放火箭、投炸弹，这样可以破坏冰雹云的水分输送，从而达到减雹目的。此外，还可以用火箭、高炮向暖云部分撒凝结核，使云形成降水，减少云中的水分或在冷云部分撒冰核，从而抑制雹胚增长，达到减雹防雹的目的。

光怪陆离

——大气中的光电现象

布满天际的绚烂朝霞，雨后横贯天际的彩虹，峨眉山上的“圣光”，传说中的方太阳、绿太阳，南北极将黑夜照亮的极光，夜幕上划过的流星雨，暴风雨中怒吼的雷电，这些光怪陆离的大气光电现象，不仅给我们带来了视觉上的极大享受，也吸引着我们去探索更多大气的奥秘。那么在这一篇里，让我们一起走近神秘的大气，去一睹它那幻妙的光电奇景吧！

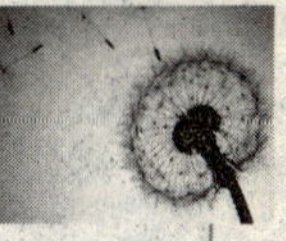

霞光万道
——朝霞和晚霞

“余霞散成绮，澄江静如练”，“绵蛮变时鸟，照曜起春霞”，“落霞与孤鹜齐飞，秋水共长天一色”。古往今来，彩霞都是一种美好的象征，不论是早晨晕染了天际的朝霞，还是傍晚遍布千里的晚霞，都引起了人们无限的遐想和感慨。

◆晚霞

霞的形成

◆蒙克——呐喊

在开阔的视野看日出或日落，你一定会惊叹天边彩霞的绚烂美丽。它们被阳光染上了五颜六色，看起来像是给天空穿上了一件华丽的戏服，隆重地宣告：新的一天开始了，或者是美好的一天结束了。像古诗词中提到的那样，霞一般分为朝霞和晚霞，是最美丽的大气光现象之一。这些绚烂的彩霞是怎么形成的呢？

日出或日落时分，太阳光照射到地平线之前要通过厚厚的大气层，大气对阳光有散射作用，将阳光中大部分波长较短的光，比如紫色光

和蓝色光，散射殆尽。等到阳光到达地平线时，蓝紫光已所剩无几，剩下色光主要有红、橙、黄，其中红光又占到了85%。这些色光再经过地平面附近的水汽、尘埃、气体分子的散射后，照亮太阳附近的云，就形成了布满半边天的色彩绚丽的彩霞了。

一般来说，如果水汽和尘埃越多，霞的色彩愈多。比如说1883年8月23日，印度尼西亚的一场强烈的火山爆发，造成大约有180亿吨的火山灰渣，七八万米的高空长期漂浮着这些细尘。那一年世界各地的彩霞因此都格外的绚丽，有“血霞”之称。据说蒙克的画作《呐喊》就是描绘此时期的晚霞。

链接——曙光和暮光

在太阳出来之前或是日落之后，天空有一段时间是明亮的，此时，太阳还未升起，或已经落入地平面以下。我们称之为曙光和暮光，统称为曙暮光。这是什么原因呢？

虽然此时太阳已经落到地平线以下，但是大气层的上方还是会受到太阳光照射，大气层散射后我们能看到天空微微发亮。曙暮光持续时间和季节纬度有关系，纬度越高，持续时间越长，在极地地区，当暮光结束时和曙光开始的时间相同时，就出现了极昼现象。

小知识——霞的色彩与天气

很多的自然现象都对天气有一个预报的作用，霞也不例外。俗语说“朝霞不出门，晚霞行千里”，这是为什么呢？

由于霞的色彩和大气层中的水汽和尘埃有密切的联系，所以我们可以通过观察朝霞和晚霞的色彩来判断天气的变化。如果在夏日的早晨看到满天的朝霞，预示着大气中水汽丰富，日出后，温度升高，大气发生对流，那么水汽多就很容易形成降雨。若在晚上看到西方一片晚霞，表明空中富含水汽，随着太阳西沉，温度降低，大气层流动减弱，云层将逐渐消散，预示着一个晴天。

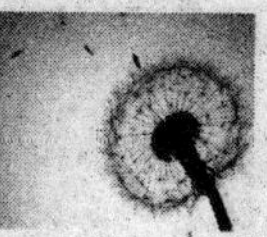

天边彩桥——虹

◆雨后彩虹

“赤橙黄绿青蓝紫，谁持彩练当空舞?”

诗词中有很多关于彩虹的描写，自古以来，彩虹丰富的色彩都给了人们童话般无限而美好的遐想，象征着美好。在中国的传说中，彩虹是女娲补天用的五彩石发出的彩光。在希腊神话里，彩虹是一位使者，负责天上和人间的沟通。彩虹真的这么神奇吗?

美丽的传说

在北欧的神话里，连结阿斯嘉特和米德加尔特之间的是一座巨大的彩虹桥，被称为“摇晃的天国道路”。在阿拉伯人的传说里，彩虹是光明神哥沙赫的弓，当弓被悬挂在云端时，就成了彩虹。我国有一个关于彩虹的传说是这样的：天神为了惩罚人类的罪恶，制造了一场大旱灾，他的七个女儿为了拯救人类，化作七色彩虹，从东方引入银河之水，解救了人类，地球再次恢复了生机。天神为了纪念至爱的女儿们，每次下雨之后都在天边挂出七色彩虹。

这些种种有关彩虹的传说都包含了人类对彩虹的好奇，人们以丰富的想象力猜测彩虹出现的原因。那么，彩虹究竟是怎么形成的呢?

历史典故

我国的彩虹桥

在我国的千年古镇清华镇，有一座廊桥，名为彩虹桥。据说在桥建成的那一天，有一条彩虹横跨蓝天，与地上的廊桥遥相呼应，后又有唐诗“两水夹明镜，双桥落彩虹”用以描述此桥，“彩虹桥”便由此得名。

彩虹

彩虹像霞一样是一种神奇的大气光学现象。1666 年牛顿利用三棱镜得到白光色散光谱，色彩排列依次是红，橙，黄，绿，蓝，靛，紫。彩虹从外到内的色彩排列也是这样的。也正是从牛顿色散实验后，彩虹的形成原因才得到较科学的解释。

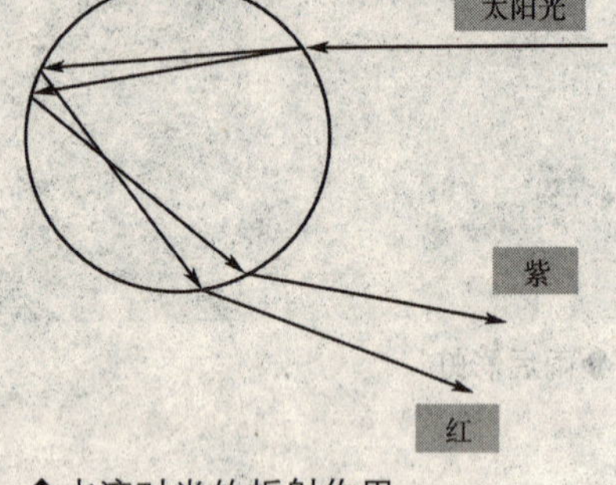

◆水滴对光的折射作用

一般来说彩虹出现在夏日的雨后或水汽充足的地方，此时的大气中充满着无数个小水滴，这些小水滴对太阳光充当着三棱镜的作用。水滴对波长较长的红光的偏折是最小的，对波长最短的紫光折射最大，所以紫光偏折最厉害。每一滴小水滴对经过它的光线都要进行两次折射。光线经折射进入水滴，在水滴内壁反射之后，再次从水滴折射出来，形成一条彩带，但不同位置的水滴所折射的能够被我们看到的光颜色不同，人们能看到位置较低处的水滴投射的紫色光，较高处水滴投射的红色光，最后形成的就是一条圆弧形的七色彩虹。

彩虹为什么是弯的?

我们先来看一个水滴对不同色光折射率的表格

色光	红	橙	黄	绿	蓝	靛、紫
折射率	1.513	1.514	1.517	1.519	1.528	1.532

彩虹的大致形成过程是阳光经过水滴的折射→反射→折射后，色散成一条彩带，最后众多水滴的共同作用就成了一条彩虹。按照水滴对光线的折射规律，我们可以推算出，光线经过一滴近似圆形的水珠射出时，传播方向与原来的方向之间的偏角大约是138°。

假设在一个刚刚下过一场大雨的夏天的傍晚，我们背朝太阳站立，太阳光从西边照射，穿过我们头顶，遇到前方大气中的水汽，阳光经水滴发生折射，此时，在仰角约为42°的东方，我们可能看到彩虹。

精确的计算表明，红光经过水滴的偏折后，折射角度是42°，但是蓝光的折射角度为40°，因此，我们在仰角为42°的地方看到红光勾勒出的一个弧形，在仰角40°的地方形成的是一个蓝色的弧形，中间依次是橙黄绿等几种颜色。这样就是我们看到的一个弧形的七色彩虹。

当然地球的弧形对彩虹弧度的形成也有一定的影响。

万 花 筒

中午看不见彩虹

当太阳不在地平线上，而是有一定高度的话，彩虹的位置也会相应地发生改变。当太阳上升到地平面上的42°时，彩虹已经降至了与太阳相反方向的地平线了。所以当太阳高于42°时，形成的彩虹在地平面以下，是我们看不到的，这也是为什么我们在中午看不到彩虹的原因。

霓

很多时候我们会见到两条甚至更多的“彩虹”同时出现，你要是认为那都是真正的彩虹，那就错了。我们在虹的外圈所看到是“副虹”，颜色较暗，也称为霓。霓的色彩的排列刚好与虹相反，最外侧和最内侧分别是蓝色和红色。它是光线经水滴折射出来之后再经过水滴反射形成的，这样原来色光的排列顺序就被反过来了。一般情况下，由于颜色较暗不易察觉，但是在特殊天气条件下我们甚至可以看见四五条霓。

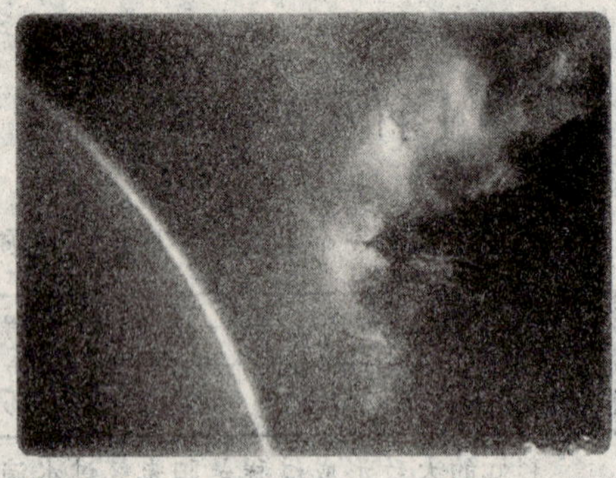
◆霓

链接——微笑彩虹

◆微笑彩虹

微笑彩虹，顾名思义，就是一个“微笑”着的彩虹，实际上是一个被倒挂的彩虹。

倒挂彩虹是很难见的一种现象。它的色彩排列是紫色在最上面，红色在最下面，和真正的彩虹刚好相反。它出现的天气条件很苛刻，必须是天气比较晴朗，大气中云很少的时候，太阳以一定的角度射过高空中表面弯曲的小冰晶才能出现倒挂彩虹。小冰晶在卷云中会不断转变方向，所以倒挂彩虹出现的时间极为短暂。天文学称这种现象为“幻日弧光”，它的出现几乎没有规律可循。也有的科学家称这个神奇的微笑为“上帝之眼”。

月虹

月虹是一种非常罕见的自然现象，一般我们知道的彩虹出现在白天，月虹却是在晚上出现的。在月光明亮，并且大气中的水汽比较充足的时

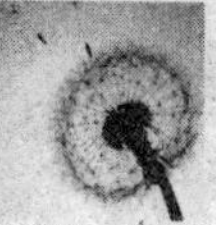

◆月虹

候，在月亮的反方向可能会出现朦胧的黑夜彩虹，也就是月虹。观测这一奇妙的自然现象的最好时节是满月的时候，如果附近有个瀑布，那就更好了。

万 花 筒

世界著名的月虹景点

全世界目前最有名的两处月虹景点，一处是位于美国肯塔基州的坎博兰瀑布，另一处是非洲桑比亚和津巴布韦之间的维多利亚瀑布。除此两处之外，美国优胜美地国家公园在瀑布区也常有观测到月虹的纪录。

拓展思考

1. 你能说出彩虹形成的原因吗?
2. 霓的颜色排列是怎样的?
3. 查找相关资料，看看“倒挂彩虹”这一奇特自然现象曾出现在哪些地方?
4. 你知道与“虹”有关的谚语吗？想想它给了我们什么启示?

空中楼阁——海市蜃楼

1981年7月7日这天，山东蓬莱，风和日丽，无垠的天宇与大海连成一片。蓬莱阁附近的海面，在太阳光的照射下泛着片片金光，远处，淡淡的薄雾为整个大海罩上了一层神秘的色彩。下午2时40分，奇迹出现了：原本一望无际的大海上隐隐约约的出现了两个小岛，10分钟后，人们竟能清晰地看到岛上的道路、树木、山岭，甚至还有亭台楼阁，行人、车辆依稀可见……

◆山东蓬莱海市蜃楼

海市蜃楼

“登州海中时有云气，如宫室台观，城堞人物，车马冠盖，历历可睹。”

这是记载在宋朝沈括的《梦溪笔谈》上的一段话，描述的是我国渤海南部蓬莱县的海市蜃楼。蓬莱地区因经常出现海市蜃楼景象而被称为“蓬莱仙境”。海市蜃楼景象在我国古代被认为是蛟唇吐气造成的，因此而得名为“海市蜃楼”。

那么海市蜃楼是怎么形成的呢？

原来它也是复杂大气光现象的一种。它是光线经过不同密度的空气层时，产生折射形成的。它一般可以分为上蜃、下蜃和侧蜃。在海面上容易形成上蜃景，在夏日的马路或者沙漠中容易出现下蜃景。

在海面上经常形成的是上蜃景。夏季时，海水温度低，靠近海平面的空气温度相应也比较低，于是在海平面上空常常会出现下层空气密度大温度低、上层空气密度小温度高的反常分布现象。远处物体的光线，经过底层密度较大的空气时，发生偏折，向上层密度较小的大气偏折，最后在高处的某一层大气发生全反射，向下传播，又经过大气层的折射，进入我们的眼睛。整个光线的轨迹，像是一个开口向下的"抛物线"，顺着光线看去，我们看到的物体位置要比原来高很多，几乎是悬在空中的，这就是"上蜃景"。

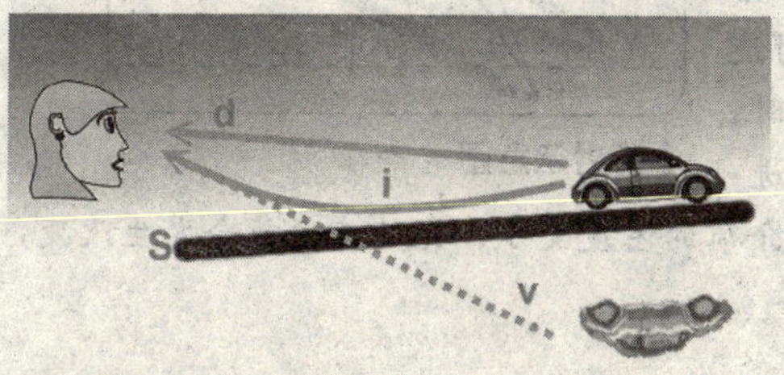

◆柏油马路上的下蜃景

在夏天里，由于柏油马路颜色较深，吸收太阳传来的热量，温度迅速升高，离地面较近的空气也迅速升温，底层空气变得密度小而气温高，高层的空气则温度低且密度大，形成了折射率上面大下面小的垂直分布。马路前方的物体，比如一辆小汽车，反射的一部分光线经过上层比较稳定的空气后，直接射入我们的眼睛，一部分光在不均匀的大气中发生折射，入射角逐渐增大，最后在地面发生全反射，然后才被人眼接收。这样我们就看到了所谓的下蜃景。

小书屋

在垂直方向形成上层温度低密度大、下层温度高密度小的分布时，容易产生下蜃景；当形成上层温度高密度小、下层温度低密度大的分布时，容易出现上蜃景。

由于类似原因，当空气在水平方向分布不均时，因空气的反常折射容易在物体的侧面产生幻景，这就是侧蜃景。

不管是哪一种"蜃景"，都只能出现在没有空气流动，大气分布相对稳定的天气里，只要一有大风，空气发生流动，折射率的分布改变了，海市蜃楼就会瞬间消失。

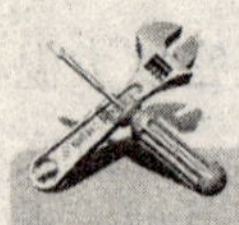

动动手——放在杯中筷子的折射

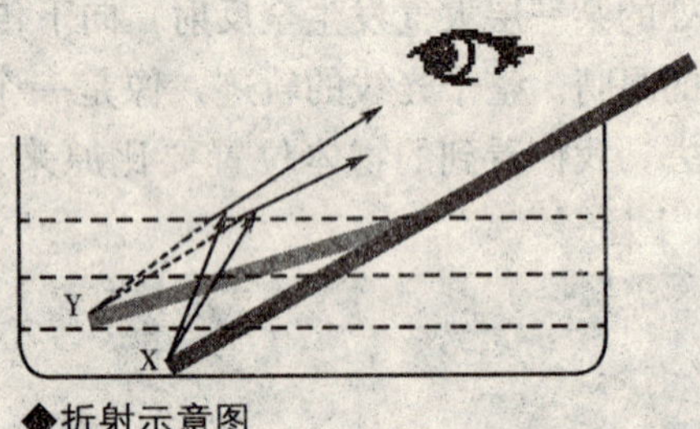

◆折射示意图

我们来做个实验：取一只杯子，倒入大半杯水，放在太阳光下，再在杯中插入一根筷子。这时你看到水中的筷子和水面上的筷子并不是“一根”了，像被折断一样。这个现象就是光的折射造成的。光在同一密度的空气中行进时，光的速度不变，始终以直线的方向前进；但当光倾斜地由空气进入水的时候，介质的密度变了，光的速度就会发生改变，前进的方向也发生了曲折。

链接——光的折射

折射（英语：refraction），又名屈折，是一个光学名词，指光从一种介质进入另一种具有不同折射率之介质，或者在同一种介质中折射率不同的部分前进时，由于波速的差异，使光的运行方向改变的现象。

小资料——关于海市蜃楼的史料

自古以来，我国就有很多关于海市蜃楼的记载。史书《史记·封禅书》中的记载：“自威、宣、燕昭，使人入海求蓬莱、方丈、瀛洲。此三神山者，其传在

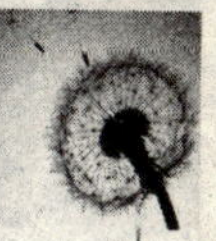

渤海中，去人不远，患且至，则船风引而去。盖尝有至者，诸仙人及不死之药在焉，其物禽兽尽白，而黄金白银为宫阙。未至，望之如云；及到，三神山反居水下；临之，风辄引去，终莫能至。”

宋朝沈括在《梦溪笔谈》中这样写道：“登州海中，时有云气，如宫室、台观、城堞、人物、车马、冠盖，历历可见，谓之“海市”。或日“蛟蜃之气所为”，疑不然也。欧阳文忠曾出使河朔，过高唐县，驿舍中夜有鬼神自空中过，车马人畜之声一一可辨，其说甚详，此不具纪。问本处父老，云：‘二十年前尝昼过县，亦历历见人物。’土人亦谓之“海市”，与登州所见大略相类也。”

天体的海市蜃楼

◆夏威夷伊特鲁里亚花瓶型的落日下蜃景

我们在观测太阳、行星、月球或者其他恒星时可能会发现另一种海市蜃楼——天体的海市蜃楼。日出或日落时的蜃景是最常见的。当海洋或者地面上形成下层空气温度高密度小、上层空气温度低密度大的垂直分布时，极易产生下蜃景。我们可以看到多个影像，有正立的也有倒立的。

1. 上蜃景是如何形成的？
2. 你知道下蜃景形成的原因吗？
3. 查查中国哪些地方可以观察到海市蜃楼。

自然奇闻——绿闪光

我们看到的太阳都是红色的，有没有其他的颜色呢？当你某一天看到绿太阳时千万不要诧异，右图就是1992年芬兰拍摄到的“绿太阳”。其实绿太阳出现的真正原因，只不过是大气层特殊分布造成的现象而已。

◆绿太阳

绿闪光的形成

绿闪光是一种极短暂的光学现象，常仅仅出现在日出之后或日落之前的1～2秒。我们可以观察到太阳的上方有一丝绿光或者是绿斑。绿闪光需要在一个有开阔视野的地方观察，比如说高山顶或者海边。那绿闪光形成的原因是什么呢？

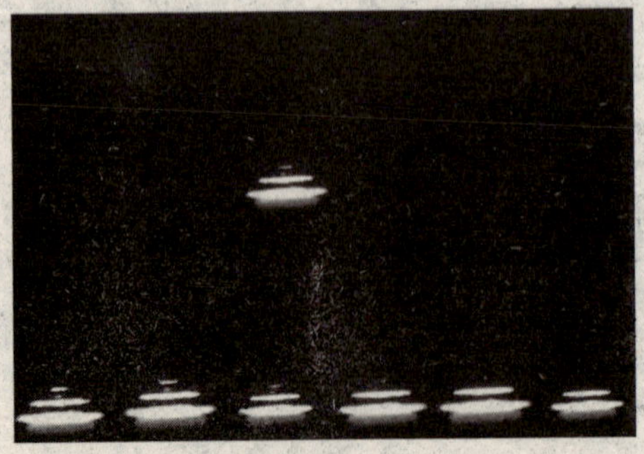

◆绿闪光的形成发展过程

一般来说，大气层在垂直方向有一定的分布，较高层的大气温度低密度大，低层大气温度高密度小。光在密度大的大气层中传播速度要慢一些。大气对不同色光的偏折程度也不同，对波长短的蓝紫光的偏折程度更大，对红橙光的相对小些。当太阳光经过高层密度较大的大气层往地面

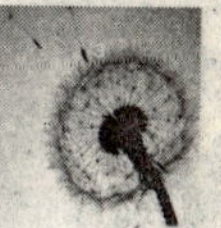

传播时，路径沿着地球曲率的方向发生弯曲。所以，不同色光弯曲程度不同，蓝绿光比红橙光更为弯曲，经过的路程就更长一些。当日落后红橙光已经落到地表以下时，我们还能在太阳上缘看到绿光，这就形成了绿太阳。

其实，绿闪光和海市蜃楼产生的原因是一样的，都是因为大气在垂直方向形成了上层密度大、下层密度小的分布。也可以说，绿闪光是海市蜃楼现象的强化。

链接——多彩的太阳

任何天体的光要经过一个厚厚的大气层才能到达地面。这些光线被大气这个“三棱镜”散射后，分成不同的颜色。蓝绿光的弯曲比红光要大，因此当红光看不见时，我们还能看到绿光，实际上我们还有可能看到“蓝太阳”、“紫太阳”——太阳的上边缘是蓝光或紫光。若空气污染严重或水汽较重时，整个天空的颜色都是红色的，那将不宜进行观察。

1. 太阳怎么会变成绿色的？
2. 什么地方能够看到绿色的太阳？
3. 查找相关资料，看看冷色调的太阳曾在哪些城市被观察到过？

佛光闪闪——峨眉宝光

重轮叠影印岩腹，
非烟非雾非丹青。
我与化中人共住，
镜光觌面交相呈。
非云非雾起层空，
异彩奇辉迥不同。
试向石台高处望，
人人都在佛光中。

——范成大《光》

◆峨眉宝光

这首诗描述的正是佛光出现时的景象，看起来神秘，飘渺。这种现象是怎么出现的呢？是不是像它听起来的那样不可捉摸呢？在这一节中让我们一起来探讨一下峨眉宝光的奥秘。

峨眉宝光

◆佛光

峨眉山的雄伟和秀丽相信你早已听说，它是四川省内著名的世界自然、文化双遗产景区。“佛光”就是峨眉山的几个奇观之一，也被称为“峨眉宝光”。

佛光是一种自然光现象，它一般出现在云雾缭绕的高山上，我国的峨眉山、九华山、庐山、黄山、泰山都可观察到，在泰山顶出现的

佛光被当地人称为“碧霞曝光”，其中以峨眉山的佛光最为著名。

峨眉山区，常常弥漫着大片的云雾。清晨或者黄昏，阳光通过这样一层浓雾，发生衍射和散射，形成彩色的光环。

早上太阳从东边升起时，你背对着太阳站立，如果此时你的周围正好有云雾，并且前方也有一大片云雾可充当“幕布”。那么太阳从你的后边照射过来，在前方投射出影子和光环。这个光环从内到外有红、橙、黄、绿、青、蓝等颜色，而你的影子就在这个光环中间，如果你挥手、举手，那个影子也会跟着挥手、举手。同样的，当太阳在西边落下时，佛光将出现在东边。云雾越浓时，越容易观察到大的光环。

“佛光”几乎每月都有出现，全年可达百次左右。

知识库——露面佛光和干燥佛光

◆干燥佛光

在夏天有露水的早晨，你背对太阳站立，有时你会发现自己的影子的头部周围有一圈光亮，这个就是“露面佛光”。草上的水珠由于有叶面上细小绒毛的支撑而呈圆形，这种圆形的水珠可以把照射到它上面的光线送回原来的光源处。如果背对太阳站立，由露水反射回来的光线就恰好射入我们的眼睛，这样我们看到的就是一片光亮。

有时候我们在干草或者犁过的田地里也能看到佛光，这个称为“干燥佛光”。比如地面上落满了秋天干燥的落叶，我们经常能够看到落叶上既有阳光，也有影子。但是当我们顺着阳光照射的方向看时，我们可以看到每一片叶面都是被照亮的。这时你看自己的影子，会发现头顶有一圈“圣光”。

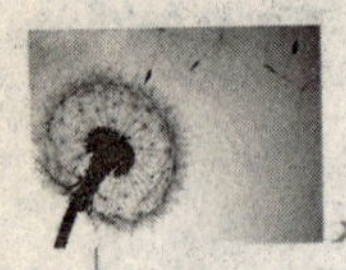

小知识——衍射

当光在介质中传播时，遇到障碍物或小孔时，会绕过障碍物的边缘或穿过孔隙继续传播，这个就是光的衍射现象。经过衍射后的光线，传播方向会发生偏离。衍射是波特有的一种现象，光能够衍射，说明光也是一种波。从本质上来说，光是一种电磁波，具有波粒二象性。

光的衍射可以分为单缝、双缝及小孔衍射，在这里对小孔衍射作一下介绍。让我们先做一下下面的小实验。

小孔衍射的衍射光环与孔的大小和光的波长有关。如果孔太大，我们将无法看到光的衍射现象，只有当孔的大小和光的波长差不多时　可见光的波长在 0.77～0.39 微米)，才能看到较明显的现象。

小实验

光的衍射

取一块厚纸板，在纸板上用针扎一个小孔，找一个黑暗的房间，用一束平行光透过小孔，那么在对面的墙上你会看到什么呢？亲自去试一试吧。

如果你实验成功的话，你会看到一圈一圈的明暗相间的条纹，中间的“圆点”是最亮的，它就是“泊松亮斑”，因为泊松最早预言了这个亮斑的存在。

1. 峨眉宝光是怎样形成的？
2. 你知道露面佛光和干燥佛光吗？
3. 查找资料，看看光的单缝衍射和双缝衍射是怎么回事？
4. 查找有关“泊松亮斑”的故事。

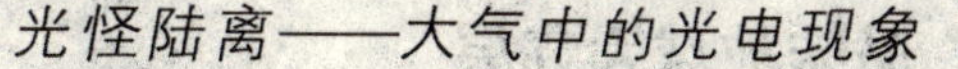
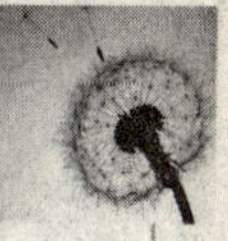

奇形怪状的太阳
——方太阳和扁太阳

我们见到的太阳都是近似圆形的。在正午时分，头顶上的太阳是最圆的，早上或者傍晚的时候我们看到的太阳是椭圆的。可是你见过方太阳吗？像右图这样的方太阳，到目前为止全球也就只见过数次。这张图片是2003年10月18日下午5点湖南长沙一名中学生拍摄的。如此罕见的方太阳，是如何形成的呢？它的出现要怎样的条件？

◆方太阳

方太阳

◆幻日光弧

最早记录方太阳的是美国科学家贝尔。1933年9月13日傍晚，他在美国西北部沿海拍摄到一组方太阳的照片。他看到随着太阳渐渐的朝地平线下沉去，太阳从原来的圆形，逐渐变成椭圆形，没过多久太阳的下边变成了直线，像是被切了一刀似的，最后，上半部分也变成了直线形，成了不折不扣的“方太阳”。1978年日本的日掘江谦也曾拍摄过方太阳。

对于这种奇观形成的原因，科学家还没有确定的结论，有的认为是折射造成的，有的认为是海市蜃楼的虚幻景象。

有人认为方太阳主要出现在极地和高寒地带，在无风无云并且大气中含有较多的冰晶的天气里，太阳光经过冰晶的折射、反射以及散射的作用，会形成矩形“方太阳”的奇景。另一种观点认为方太阳的形成是太阳光被折射形成的光现象。由于两极和海平面靠近地面大气的温度比较低，密度比较大，而上空的大气相对稀疏，形成空气上面密度小、下面密度大的分布。日落时，太阳光穿过分布不均的大气层发生折射，光线向地平线一侧弯曲，太阳的上下部的光线被弯曲得尤为明显，几乎成为了直线。于是就成了我们看到的奇怪的“方太阳”。

扁太阳

在早上的日出时分，天气晴朗，太阳从地平面缓缓升起，开始只露出一点小弧形，接而变成半圆，最后变成椭圆，渐渐地升高。如果你仔细观察，你会发现有时候朝阳其实不是圆的，而是扁的，这是什么原因呢？

◆黄河朝阳

早上我们看到太阳的时间，比太阳升出地平线的时间要早。这是因为太阳光透过大气层被折射，到达地面的轨迹是弯曲的，当我们逆着光线看过去时，太阳的位置就比实际位置要高了。从太阳上边缘和下边缘发出的光线经过大气层的厚度不一致，上边缘比下边缘走的路要短一些，所以被折射的程度就小一些。逆着光线看时上边缘被抬升的高度就小一些，这样我们看到的太阳就成了椭圆形的“扁太阳”了。

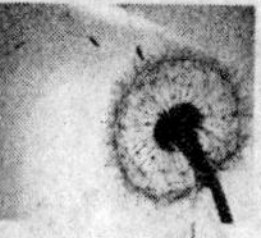

日晕

◆日晕

晕是指日光或者月光经过由冰晶组成的卷层云后，被反射、折射后产生的现象。此时，我们可以在太阳或者月亮的周围看到一个彩环，内红外紫，与彩虹的色彩排列刚好相反。

日晕产生时，我们可以看到三个甚至五个太阳。这是由于那些小冰晶充当了镜子的功能，反射太阳光，使我们看到太阳的虚像。如果在上下左右对称地各出现一个虚像，我们就可以看到五个太阳了。

晕还可以作为天气预报的参考，有谚语说“日晕三更雨，月晕午时风”。据计算，雨一般在看到日晕后的十几个小时才会到来。但有时也会有只“晕”不雨的情况。

有时候在晴朗的白天或者夜晚，太阳和月亮周围会出现一种色彩排列和晕相反的光环，内蓝外红，这个就是“华”，此时观察天空，会发现有一片片瓦块状的云。华是由于光线经过小水滴或者小冰晶产生衍射造成的。

一般来说日华不容易观察，因为太阳光线较强，日华的颜色一般在靠近太阳的内圈是紫色，外圈带红色。月华比较容易看清，内圈带蓝色，越往外越发白，外圈呈略微发红的褐色，它有一个响亮的名字——华盖。

拓展思考

1. 你见过奇怪形状的太阳吗？
2. 你知道晕和华的形成原因吗？它们的色彩排列是怎样的？
3. 查找资料看看各地的日晕图片，看看它们有什么共同点。

未解之谜——日月并升

◆日月并升

"农历十月初一清晨，在湖畔高阳山的鹰窠顶上，可看日月并升奇景。"

——《浙江分县简志》

在我们的印象里，太阳掌管着白天，月亮掌管着黑夜。太阳和月亮总是一个在白天，一个在黑夜，不会相遇。可是人们却曾观察到太阳和月亮一起共舞的奇景，这到底是怎么回事呢？

日月并升景象

每年出现"日月并升"奇景的时间，最短的只有5分钟，最长的可达31分钟，一般为15分钟。而且出现的景象每年也不尽相同。

要说起日食或者月食，你或许不会感到陌生，可是要想看"日月并升"就不是一件容易的事了，观看这个奇观是需要天时地利的。

在我国的浙江海盐县南北湖风景区的鹰窠顶上，每年的农历十月初一可以观看到日月并升的奇景。早在2000多年前，古人就在当地发现了"日月并升"的奇观，现在"日月并升"已成当地著名的旅游景点。

日月并升的景象有很多有趣的画面：有时，太阳升起后不久月亮就跳出，与太阳重叠共同升起，外围是血红和青蓝色光环；由于看上去太阳直径比月亮直径略大，被月亮遮住部分较暗，未被遮住部分呈月牙状；月亮

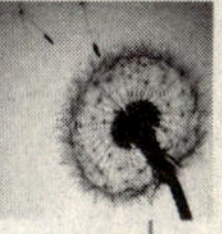

◆日月并升

围着太阳跳跃，忽上忽下，忽左忽右，直至月影消失；有时，太阳和“月球”合为一体，重叠并一同升起，这时太阳圆面稍大于“月球”圆面，便会在太阳圆面周围露出一个明亮的光环，像日环食；有时，我们还会看到“月球”抢先升起，太阳随后紧跟着露出地平线，于是形成太阳托着“月球”一起跃动的景象。

轶闻趣事——美丽的传说

◆日月并升

相传在远古，盘古开天劈地后，地球上还是朦胧黑暗的。偶然间盘古发现了一个明亮的地带。原来是四周发光的孪生姐妹太阳和月亮照亮了这里，盘古请她们俩上天，照亮整个世界。姐妹俩高兴地答应了，并商量好轮流“值班”：白天是太阳妹妹，晚上是月亮姐姐。因为太阳妹妹害羞，就用一把金针时刻准备刺向看她的人们的眼睛；月亮姐姐大大方方，不在乎人们观赏她美丽的容颜，她们于十月初一上天。从此，太阳和月亮，一个白天。一个晚上，各自用自己的光华照亮了世界。可是月亮姐姐总是在太阳出山后，依依不舍地跟随着太阳走上好一段路才回去。因为农历十月初一是她们第一天“上班”的时间，为了纪念这个日子，她们约定，每年的这一天，都有月亮送太阳出来，这就是人们看到的“日月并升”。

“日月共升”之谜

“日月并升”一般发生在每年的农历十月初一，若遇闰月，会出现两次。如1984年农历十月初一发生了“日月并升”，而到闰十月初一，“日月并升”再现天宇。当然，并不是每年都会出现“日月并升”，也不是每个人都能亲眼目睹“日月并升”，其首要条件就是“天公作美”。如清代名家黄宗羲就不那么幸运，遇到了雨天，只能留下一首诗：

◆黄宗羲

《登云岫山观合朔遇雨》

“海山日月看同升，讵料偏逢雨气蒸。
千众欲观凭石碣，十年未遇说居僧。
衡云端为何人钦？蜃市能因暮岁兴。
岂必天公真有意，明秋此日复来登。”

为什么日月会在同一时刻升起？到现在为止，科学家们还无法给出一个完满的解释。例如，有天文学家认为，这里背山面海，没有任何物体遮挡，而且山峰和水天相接。由于天文因素，太阳到了农历十月初一便移到了东南方，而这天正好月球移到了太阳旁边，于是便形成了“日月并升”的景象。

有的气象学家则认为，“日月并升”奇观是一种“地面闪烁”现象，是由于当时近地面大气密度的急剧变化引起的。由于南北湖的自然条件比较特殊，冷暖气流活动频繁，使空气密度不停地变化着。太阳光在不同密度的空气中传播，会产生各种异常的折射现象，于是这时候看上去太阳在天边忽上忽下、忽左忽右地跳动着。

还有人认为其中的“月影”是假象，是飘渺的虚影。也有说法认为人们在观看日出时，过强的红色刺激使得人眼对红光产生疲劳，因此在日出时看到的颜色只剩下蓝绿混合，于是就看到了“青蓝色月影”。到底为什么会出现“日月共升”的奇特景象，而且这样的景象还仅限于特定的时间

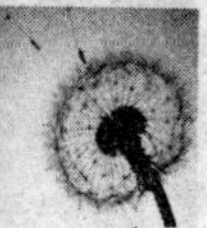

和地点——只在阴历的十月初一出现在凤凰山和鹰窠顶等少数几个地方，这谜一样的奇景一直牵动着科学家们为之探索。

"日月并升"跟日食有关吗？

◆日全食

起先，有研究者认为，"日月并升"是一种日食现象。事实是否真的如此呢？1987 年 11 月 19 日，幸运者看到了"日月并升"。当时记载的时间是比较接近的，6 点 30 分日出，6 点 42 分月出。但是查阅中国天文年历可知，当日并无日食发生。所以，那天的"日月并升"形似日环食、月偏食，却不是日环食和月偏食。再以 1984 年 11 月 3 日的"日月并升"为例。根据天文计算，合朔时刻在 6 点 36 分，且太阳和月亮在平行的天空视平面上，根本不可能重叠。由此可见，"日月并升"与日食现象无关。

拓展思考

1. "日月并升"在哪些地方可以看到？对时间有要求吗？

2. "日月并升"跟日全食有联系吗？

3. 查找资料，看看科学家对"日月并升"这一奇景的探索有没有什么新进展？

万里长空飘彩带
——极光与流星

◆狮子座流星雨

自然的规律安在？
在半夜时升起了晨曦，
这不是太阳设置的宝座，
也不是冰封的海洋，
而是闪动的火焰。
啊！冰冷的火笼罩着我们，
啊！虽说是夜里，
白天却来到了人间。
是什么令明亮的射线在黑夜中抖动，
又是什么在天空中触发了颀长的火？
如同没有雷暴云的闪电，从地面向高空攀登，
它究竟怎样成为凝结的蒸气，仲冬时节变成了喷涌的火？

——罗蒙诺索夫［俄］

极光的形成

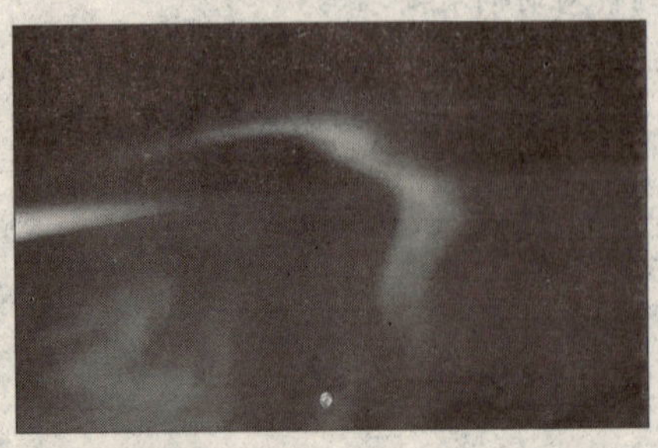
◆弧状极光

就像俄国诗人罗蒙诺索夫在他的诗歌《极光》中所说的那样，极光出现时，像是一团“冰冷的火焰”，变化多端，它的亮度可将黑夜变成白天。极光是最美丽的自然现象之一，它以无法言表的美丽征服了所有亲眼看到它的人。

在极地深邃开阔的天空上，五彩

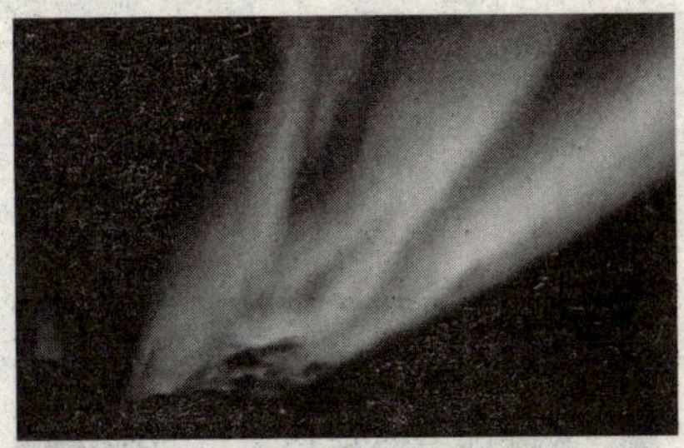
◆带状极光

◆片状极光

◆幕状极光

缤纷的极光时而像彩带，轻盈地飘舞，时而像山茶花燃烧整个天幕，时而像静静绽放的莹白的棉絮。极光简直是大自然一手导演的在南北极这样两个大舞台华丽上演的舞台剧，波澜壮阔，令人叹为观止。那么极光究竟是怎样形成的呢？让我们一起去探索吧。

首先让我们来看一下极光产生的主要原因——太阳风。

太阳风是太阳活动之一，一般从太阳最外层日冕上的“冕洞”喷发而出。太阳风实际上是由质子和电子组成的等离子体流，也被称为“恒星风”。太阳风速度极高，可达到350～450千米/秒。在太阳活动剧烈的时期，太阳黑子大量爆发，会喷射大量的高速的带电微粒流，粒子数多，被称为“扰动太阳风”，这种强劲的太阳风几乎可以传遍整个太阳系。当它到达地球时，往往会引起磁暴和强烈极光。

太阳风具有很高的能量。当太阳风进入大气层时，高能粒子会与大气中的众多分子原子发生碰撞，如氮、氧、氢、氩、氖等，高能粒子的能量有一部分转移给了大气中的气体分子，使它们激发，放出光子，在激发和退激发的过程中，不同的气体发出不同色彩的光。氧气被激发后发绿光，氮气发紫光，氖气发红光，氩气发蓝光，这些色彩构成了极光的五彩缤纷。

光为何常常出现在两极?

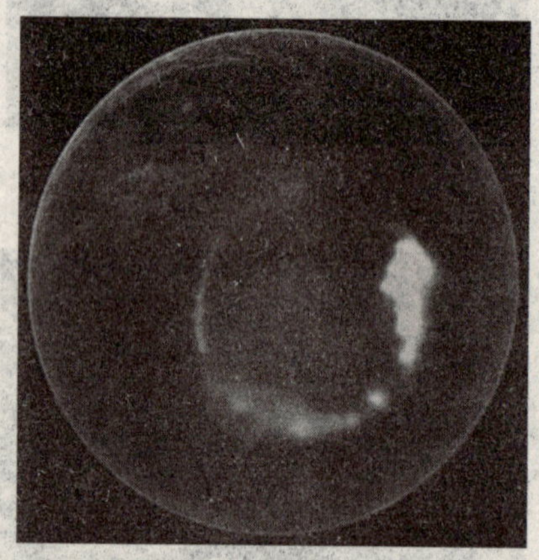
◆从太空看到的极光

太阳风在进入大气层时，首先要通过地球的一层电磁保护伞——地球磁场，它延绵至太空中数万公里，防止了太阳风直接射入地面。地球这个巨型磁体的磁极就在偏离地球的南北极10°左右的地方，两个磁极像是两个“大漏斗”，太阳风都向漏斗“飞去”，两极的高层大气，受到太阳风的轰击后会发出光芒，形成我们所看到的极光。因此极光常常出现在两极地区和高纬度地区。在太阳活动盛期，极光可能延伸至中纬度地带。

如果从太空上看的话，我们可以在地球的磁极看到一个闪闪发光的光环，在朝向太阳的方向稍稍被压扁，成一个“卵形”，称为极光卵。地球的磁场和太阳风一样都是瞬息万变的，所以我们看到的极光也是变化多端的。

木星上的极光

产生极光的三个条件是一要有大气，二要有磁场，再者还要有太阳风。当三个条件具备时，就可以形成极光。人们在木星上也观察到了极光。哈勃望远镜就曾拍摄到木星上的极光，2000年11月，南欧天文台利用红外线望远镜拍摄到木星上更清晰的极光和烟雾。土星上也有类似的极光，并且发现其中一个有“二级极光卵形环”。有关土星上光环的起源还存在争论。

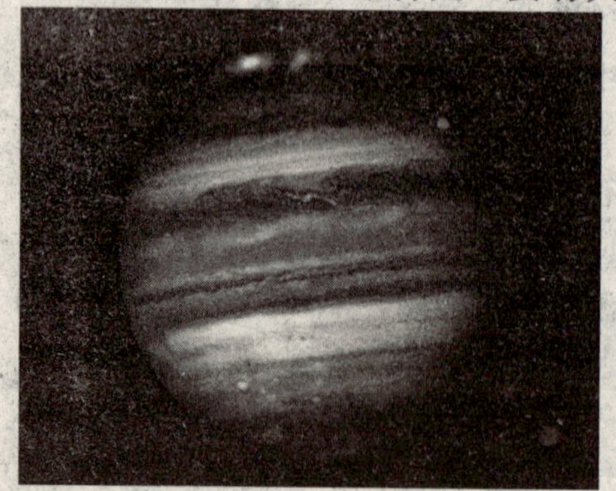
◆木星发出的极光

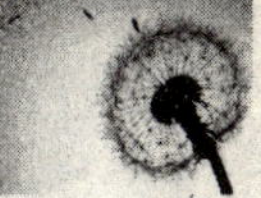

你知道吗？

极光不仅仅带给人们愉悦的视觉享受，在人们“看不见”的区域，它也给人们带来了很大的影响。极光也是自然界的一种无线电现象，它辐射出的无线电波可用现代雷达进行检测。正因为极光是无线电，它可以使人类利用无线电工作的一些设施陷入瘫痪。比如说无线电通信、电缆通信、电力传输等。甚至还会对生物学过程和气候产生影响。极光作为最神奇的自然现象之一还有很多谜底等待着人们去探索。

流星

◆流星雨

在夏天的天空，你常常会看见一颗颗的流星拖着长长的尾巴划过夜幕，一瞬间就消失不见。你是否相信对着流星许愿，愿望就能成真呢？你是否会在半夜爬起来去看美丽壮观的流星雨？

有一个关于流星的古老说法：每一颗流星的坠落，就代表地球上又一个灵魂升上了天。当然这个说法只是人们在无法理解流星这种自然现象的情况下作出的不科学的解释。实际上，当流星或流星雨划过夜空时，也确实有些东西在“燃烧”，那就是太阳系星际空间的一些尘粒或者微小固体。当它们闯入大气层时，会产生剧烈摩擦发光的现象。如果一群宇宙尘粒同时进入大气层，就成了“流星雨”。

链接：七大著名的流星雨

狮子座流星雨　一般出现在11月14日至21日，素有“流星雨之王”的称号。太阳系中一颗叫做塔普尔·塔特尔的彗星在不断抛射自身的物质，当地球经过这些地区时，就会形成大小不一的狮子座流星雨。一般来说狮子座流星雨是周期性变化的，周期在33年左右。2009年11月就观察到了大规模的狮子座流星雨，一小时的流量约30～300颗。

◆2009年11月18日狮子座流星雨

双子座流星雨 天文学家戴维和史蒂芬说，“如果你从没见过双子座流星群流星在广阔的夜空中划过一道道明显的弧线，那么你就不能说你见过流星。”可见双子座流星雨是爱好流星的人不可错过的。它一般出现在每年的10月14日至27日前后，流星的速度较慢，有较多很亮的流星，一般可观测时间较长，是一年中最适宜观赏的最绚烂的流星雨。

◆双子座流星雨

英仙座流星雨 一般出现在7月25日至8月18日前后的英仙座伽马星附近。英仙座流星雨出现时间比较稳定，数量多，是最常被观测到的流星雨。

另外，猎户座流星雨、金牛座流星雨、天龙座流星雨、天琴座流星雨也是较著名的流星雨。

拓展思考

1. 查找资料，曾观测到的持续时间最长的极光在何时何地？
2. 太阳系其他星球是否存在极光？是怎么形成的？
3. 你知道极光对人类生活有哪些影响吗？
4. 你看到过流星雨吗？最近什么时候可能会出现大规模的流星雨？

时代发展的标杆

——气象服务

古今中外，有不少著名的战争战役，其胜负直接受到气象条件的影响。我国古代著名兵书《孙子兵法》中就把“天时”作为取得战争胜利的五个要素之一。此外，农业生产也受天气和气候的影响很大。因而，很久以前，人们就开始观察天气的规律，并尝试着对天气作出预测。

如今，随着科技的发展，人们对气象服务的要求与日俱增，例如，飞机起降、导弹发射、卫星发射、航天飞机发射和返回等，都需要精准的天气预报。气象服务涵盖的领域非常广泛，天气预报只是其中之一。那么气象服务到底还有哪些？气象学家们又是如何作出准确的天气预报？在这一篇里，或许你能得到一些启示。

风云卫星天基观测网

天气早知道——天气预报

1981年7月9日到14日，四川温江、成都等地连降暴雨，数条大江大河水位猛涨，遭遇了百年不遇的特大洪水，长江中下游的大堤和武汉市的安全受到洪水严重威胁。为了尽可能降低洪水的危害，将损失最小化，只有一个办法：分洪荆江！然而，由于荆江有很大的分洪区，一旦分洪，会使两岸人民蒙受巨大损失。到底该怎么办？在危急关头，气象部门的工作人员通过分析大量的资料，得出未来几天不会再有持续暴雨的结论。后来证明正如预报的那样，大范围的暴雨没有再出现。正是由于气象工作者对天气作出的准确预报，避免了荆江分流带来的财产和人生安全的巨大损失，可见，天气预报不仅只关系我们日常的出行，还能在关键时候，救人于水火。那你一定会想为什么人们能够准确地预知未来的天气？天气预报到底是怎么作出的呢？

◆天气预报

天气预报的诞生

如今人们外出，只需收听或观看天气预报，就可以决定穿什么衣服，是否需要带雨具等。而在过去，人们则要顾虑“天有不测风云”。那么，气象

> 中国人在公元前300年左右就有了进行天气预报的纪录，但是“天气预报”的正式诞生，却是源于一场战争。

台每天最重要的工作——天气预报，是怎样诞生的呢？

这还得从一场战争说起，1854年11月14日，沙皇俄国同英法两国联军在欧洲的黑海展开激战时，风暴突然降临，刹那间，海上掀起了万丈狂澜，法国军舰“亨利”4号受狂风巨浪袭击，在黑海沉没，英法舰队亦险些全军覆没。虽然最后以沙皇俄国战败告终，但因天气而造成的平白牺牲依然令英法两国的人们扼腕不已。

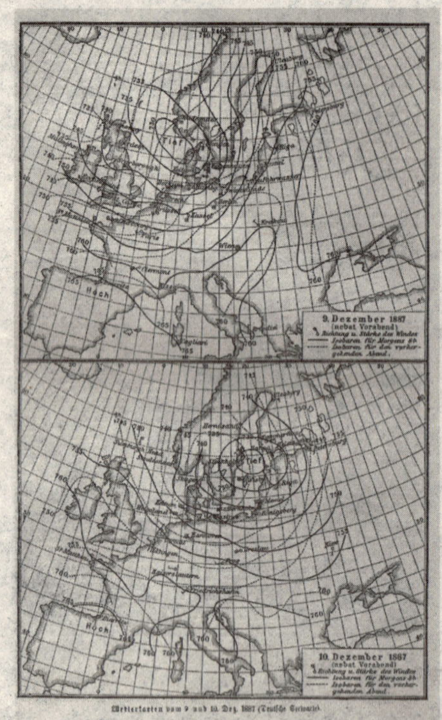

◆1887年12月10日的欧洲气象图

> 天气预报的诞生历史说明：气象条件可以影响局部战争或战役的胜败。战争的需要，又推动和发展了气象事业。

后来法国巴黎天文台台长U·勒威耶通过收集当年11月12～16日这几天欧洲各地的天气情报，并经过认真分析、推理和判断后，得出结论：黑海风暴来自茫茫的大西洋，自西向东横扫了整个欧洲，而风暴到达黑海前，欧洲西部的西班牙和法国已先后受到了它的影响。

望着天空飘忽不定的云层，U·勒威耶陷入了沉思：这次风暴从表面上看来得突然，但实际上，它的发展移动却是有迹可循的。如果当时欧洲大西洋沿岸一带设有气象站，就能及时把风暴的情况用电报告知英法舰队，军舰沉没的惨剧就不会发生。

于是，1855年3月16日，U·勒威耶在法国科学院作报告时便指出，假如组织气象站网，用电报迅速把观测资料集中到一个地方，分析绘制成天气图，就有可能推断出未来风暴的运行路径。

U·勒威耶的报告在法国乃至世界各地引起了强烈反响，人们深刻认识到，准确预测天气，不仅有利于行军作战，而且对工、农业生产和日常生活都有极大的好处。在U·勒威耶的积极推动下，1856年，世界上第一个正规的天气预报服务系统在法国正式成立了。

天气预报的发展

其实，在“天气预报”诞生以前，人们就已经开始观察天气的规律，并试图预测一天或者一个节气之后天气会有怎样的变化。

◆用于地面数据收集的百叶箱

在古代，天气预报主要是依据一定的天气现象。比如，人们经过长期的观察发现，晚霞之后往往有好天气。于是形成了“朝霞不出门，晚霞行千里”这一类的天气谚语。

到了17世纪，气压表的发明，促使人们开始使用气象数据来进行天气预测，但由于通信条件所限，人们只能使用当地的气象数据来作天气预报，这种状况一直持续到1837年电报被发明前。随着电报的发明和广泛使用，用大面积的气象数据来作天气预报成为可能，并逐渐发展起来。

18世纪到19世纪，随着气压、温度、湿度和风速、风向等测量仪器的陆续发明，大气科学的研究，由单纯的描述性研究迈向了定量分析研究的阶段。天气预报的准确率也伴随着大气科学的进步不断地向前发展着。

小书屋

第一位对天气状况进行系统性描述并建立气象学这一门自然科学是著名的古希腊哲学家亚里士多德。他的专著《天象论》最早对风、云、雷、雹、雨、雪等天气现象作出了解释，是世界上最早的气象书籍。

链接——19世纪气象发展大事记

1820年，德国人布德兰（Geinrich Wilhelm Brandes，1777～1834年）绘制了第一张地面天气图，奠定了近代天气分析和预报的基础。

1835年，法国人科利奥里（Gaspard Gustave de Coriolis，1792～1843年）发现了风的偏转并给出了相应的科学解释。

1857年，荷兰人白贝罗（Christophorus Henricus Didericus Buys－Ballot，1817～1890年）提出了风和气压的相关理论。这些光辉灿烂的理论成果为大气动力学和天气分析发展奠定了坚实的基础。

到了20世纪，气象学的发展速度令人瞠目结舌！人类对大气过程的了解越来越明确清晰。20世纪70年代，随电脑硬件的发展，数字天气预测开始出现并且迅速发展，如今已成为天气预报最主要的方式。

链接——20世纪气象发展大事记

“挪威气旋模式”这一理论从发表至今已有90多年的历史，但仍然是今天人们进行天气预报的主要理论依据，特别是分析和预报未来1～2天的天气状况。

1920年，皮耶克尼斯父子（Bjerknes Vilhelm，Bjerknes Jacob）提出了用来说明中纬度地区的天气变化情况的理论，这一理论亦被人们称为“挪威气旋模式”（Polar Front Theory）。

20世纪30年代，无线电探空仪的发明和广泛使用，促进了三维空间的大气科学研究。通过探空仪，人们收集到了大量的数据资料并由此绘制了高空天气图，从而发现了大气长波的存在。1939年罗斯贝（Carl－Gustaf Arvid Rossby，1898～1957年）提出了长波动力学，使得天气预报的发展又向前迈进了一步。

20世纪的50～60年代，各种新技术诸如计算机、天气雷达、卫星和遥感技术的应用，使大气的各种现象，大至大气环流，小至雨滴的形成，都可通过构建物理学和化学的数学模型来表示，从而有力地推动了大气科学和天气预报的发展。

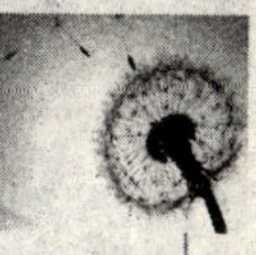

现代天气预报

经过三个多世纪的发展，现代的天气预报已日趋完善和成熟。那么，现代天气预报到底是怎样得出的，它有哪些程序呢？

◆现代天气预报

总的来说，现代的天气预报要经历数据收集、数据同化、数据天气预报、输出处理和展示五个环节。

第一个环节，数据收集。虽然天气预报的各个环节都应用到了各种新技术，但最传统的数据收集依然是不可或缺的。它是在地面或海面上，通过专业人员、气象爱好者、自动气象站或者浮标等所获得的气象数据，诸如气压、气温、风速、风向、湿度等。

此外，对于高空气象数据的收集，仍然沿用传统的方式——气象气球。由于气象气球可到达对流层顶端，所以几乎整个对流层的气温、湿度、风值等气象数据都能采集到。

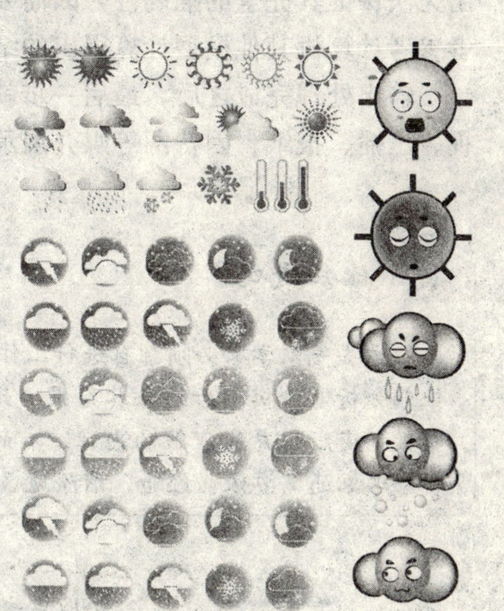

◆各种天气状况图标

气象卫星采集的数据是现代天气预报的重要参照指标，因为气象卫星可以将采集数据的范围到达全世界。其所拍摄的可见光照片可帮助气象学家对云的发展进行检视，所测得的红外线数据可以用于收集地面和云顶的温度，并可通过监视云的发展而获得云边缘的风速和风向等数据。但是，由于气象卫星的精确度和分辨率还不够高，地面数据采集仍有重要意义。此外，人们还运用各种气象雷达来获取、收集不同的气象信息。

数据收集完毕后，第二步，就进入数据同化了。所谓数据同化，是指

◆各种卫星对地面数据进行采集

将被采集的数据与用来做预报的数字模型进行结合与分析。其结果是一个三维的气象图，可认为是目前大气状态的最为准确的估计，其中包括了温度、湿度、气压和风速、风向的表示。

接下来就是数字天气预报。数字天气预报是以数据同化的结果为基础，遵照物理学和流体力学的相应理论，使用电脑软件对大气随时间的变化情况进行计算。再使用超级计算机对流体力学的方程组进行分析，最后得出数字天气预报。

第四步，是对数字天气预报的输出进行处理。因为模型计算的原始输出无法保证其完全的准确性，因而要先使用统计学的原理将偏差消除，或者参考计算机其他模型计算得出的结果进行调整后，才能成为天气预报。

输出处理完成之后，最后一步就是对公众的天气预报服务，即通过电视、广播、报纸、因特网等媒介展示天气预报的结果。

你知道吗？

过去气象学家必须独自进行工作，但如今24小时以上的天气预报主要依赖分析多种模型后综合其结果。此外，气象学家还必须将预报出来的模型数据变成用户能理解的内容。有的时候，当模型分辨率不足时，当地的气象学家还需要依靠经验，消除地区性影响，使当地的天气预报更加精确。

拓展思考

1. 天气预报都经历了哪些过程才成为我们平日看到的“天气预报”？
2. 我们如何能得知天气预报的信息？
3. 谁最早对天气现象进行了系统的描述？
4. 百叶箱为什么都是白色的？

遍布各地的哨兵——气象站

◆东湖明珠气象塔

正所谓“巧妇难为无米之炊”。要得到天气预报，必须要有大量的气象数据资料作为基础。而要获得地面上更为具体和准确的气象数据，又要依赖于遍布各地的气象站。

那么地面上星罗棋布的气象站是如何对气象数据进行收集的？这其中又有哪些不为我们所知的“秘密”？今天，就让我们怀揣着一颗好奇的心，去一探究竟！

气象站

气象要素是指那些能够表征大气的物理现象和过程的物理量。包括大气压力、气温、湿度、风速、风向、雨量、能见度、云量和海面温度等。

建立地面气象观测是一项非常重要的工作，它是整个气象工作的基础，是气象台站掌握当地天气实况、获取气象资料的主要手段。气象站则是进行地面气象观测

◆兰屿气象站

的场所，它通过提供和建立各种地面观测平台，使用仪器及目力对气象要素和天气现象进行测量和观察，来获得开展天气预报所需的数据。

在我国，从平原到山区，从沙漠到海岛，已经建立起了数千个气象台站，每个气象站内都设有气压计、温度计及雨量计等被动式感应器用来量度各种气象要素，部分气象站还能进行地表及不同深度的土壤温度的观测。把全国这些气象台站的气象资料收集在一起，就可以了解全国范围内的天气和气候状况。

中国最早的气象台站——北京地磁气象台，由俄国教会建立于1849年，1867年脱离教会，隶属于俄国圣彼得堡科学院。

你知道吗?

目前我国共有地面气象观测站点2500个左右。其中太阳辐射观测站98个，高空气象探测站120个，大气本底监测站4个，酸雨观测点82个，农业气象试验站70个，农业气象基本站672个，拍发绘图天气报的站点650余个，为军队、民航等部门拍发各类航空危险天气报的站点约1000个，地面报站点402个以及高空报站点90个。许多台站还承担拍发省内小图天气报、台风加密报、雨量报等任务。

广角镜——气象台站的选址

地面气象观测的准确性受许多因素的影响，其中气象站的站址，观测场地的选择以及维护，会极大地影响资料的代表性、准确性和比较性。

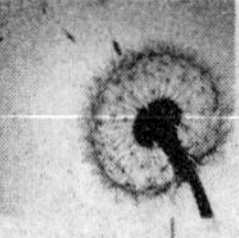

一般而言，气象台站的地址应选在能代表其周围大部分地区天气和气候特点的地方，并尽可能避免小范围和局部环境的影响。同时还应当选在当地最多风向的上风方，而不是在山谷、洼地、陡坡和绝壁上。观测场则要求四周平坦空旷，并能代表周围的地形，其附近不应有任何物体，以保证气流畅通。

此外，气象台站的房屋一般应建在观测场的北面。一旦建成之后，不能轻易搬家，因为那样不仅会造成很大浪费，还会影响观测资料的连续性，影响使用。

◆五九七农场气象站

对于观测场内仪器的安装，应遵循“保持距离，互不影响；北高南低，东西成行；靠近小路，便于观测”的原则。

自动气象站

◆广东飞沙滩自动气象站

中国海拔最低的气象站——新疆吐鲁番东坎气象站，比海平面还要低48.7米，位于新疆北部吐鲁番盆地。

自动气象站是一种能自动观测和存储气象观测数据的设备。主要由传感器、采集器、通信接口、系统电源等组成。随着各气象要素值的变化，各传感器的感应元件输出的电量会发生变化，这种变化量被 CPU 实时控制的数据采集器采集后，经过线性化和定量化处理，实现工程量到气象要素量的转换，再对数据进行筛选，就能够得出各个气象要素值。最后，把得到的气象要素数据按规定的格式编排，经资料发送装置传给用户或存储起来。整个过程都由一台微型计算机进行自动管理。

点击——自动气象站分类

◆深圳防灾预警气象雷达塔

自动气象站网由一个中心站和若干自动气象站通过通信电路组成。根据自动气象站人工干预的情况，可将其分为有人自动站和无人自动站。

有人自动站，又称有线遥测自动气象站。仪器的感应部分与接收处理部分相隔几十米到几千米，其间用有线通信线路传输。这种自动站早期用于实时查询气象资料，现在逐渐取代气象站日常主要观测工作。

无人自动站，又称无线遥测气象站。它由测量系统、程序控制和编码发射系统、电源三部分组成。可接收 1000 千米之外的控制中心的指令或它拍发的电报，也可利用卫星收集和转发它拍发的资料。通常安置在沙漠、高山、海洋等人烟稀少的地区，用于弥补地面气象观测网的不足。

无人气象站通常能连续工作一年，每天定时观测4到24次。

拓展思考

1. 气象站都需要测量哪些天气要素？
2. 中国海拔最低的气象站在哪里？
3. 上网查资料，看看气象站是如何收集到各天气要素的？

高空的小侦查员
——气象气球

人们说你一碰就破
我却赞你一身是胆
明知此去也许粉身碎骨
你竟从容地直冲云天……
大气将碾碎你的身躯
阳光将辉耀你的肝胆
可你早已义无反顾
乘风欲上高天……
不！这绝不是
不自量力的狂妄！
这是勇敢的追求
这是必要的冒险！
让胆怯的风筝苟且偷生吧
连勇敢的雄鹰
也惊呆双眼
你不要廉价的赞美
也无须永久的纪念
你只愿追求、探索
哪怕粉身在广宇之间……

◆气象气球

——艾奇《气象气球》

气象气球如何工作

高空气象观测一般包括气温、气压、湿度、风向和风速，有时也会对大气成分、臭氧、辐射、大气电等进行测量。

我国现有常规高空探测站120个（不含港台），其中7个站为全球气候观测系统探空站，87个站参加全球资料交换。此外西藏、新疆还有6个小球测风站。

气象气球主要用于探测地面至3万米高空的温度、气压、湿度、风向、风速等气象要素，为天气预报、气候分析、科学研究和国际交换，提供及时、准确的高空气象资料。目前全球每天约有3000个气象气球被释放到高空，释放地点多为气象船和地面高空观测站。

气球将探空仪器带入空中，探空仪在飞升过程中会感应出周围空气的温度、气压和湿度等，并将这些探测到的气象要素转换为无线电信号，连续不断地传送给地面接收系统。地面观测站再将接收到的无线电信号加以整理转换，从而获得高空的温度、气压、湿度、风向、风速等气象数据。

目前世界各国都先后应用和发展了气象气球。在许多气象、航空和空间科学技术较发达的国家里，气象气球是观测大气、发展气象学的重要运载工具。

◆酒泉发射场气象台在施放高空探测气球

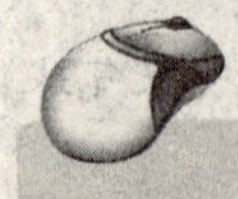

点击——气象气球的发展

在气象气球发展之初，曾应用了充以热气或氢气的纸质或纺织物的球。19世纪末，出现了具有良好伸张率的膨胀性橡胶气球，大大增加了气球上升所能达到的高度，扩展了高空探测的范围。20世纪60年代大型非膨胀性的薄膜塑料气球在边界层探测、全球范围内定高的水平探测以及平流层的探测试验方面得到了发展和日益广泛的应用。

◆法国巴黎用来检测空气质量的气球

1902年德国气象学家阿斯曼第一个提出用橡胶气球来探测大气，并用经纬仪跟踪的测风方法。1927年苏联在气象学家莫尔恰诺夫教授领导下，研究出探测自由大气的新方法——无线电探空仪法，并成功设计制造出梳齿式无线电探空仪，开创了气象气球探测的新纪元。近几十年来又出现了通过雷达对自由飞行的气球定位，测出高空的风向、风速。以及通过携带各种无线电探测器来测定高空各高度上的温度、湿度和气压等气象要素的雷达探测法，气象气球的发展又迈上了一个新的台阶。

气象气球有哪些？

探空气球是人类研究平流层的重要工具，在气象学发展和天气预报工作中起到了重要作用。今天，虽然出现了探空火箭、气象雷达、气象卫星等更先进的气象观测工具，探空气球仍是气象研究中不可缺少的。

气象气球各式各样，有大有小，是一种廉价的无动力升空设施。一般用橡胶或聚脂薄膜材料制成球皮，并充以比空气密度小的氢气或氦气。按照制作它的材料和用途，主要可分为探空气球、系留气球和定高气球三类。

探空气球是日常高空观测用以测量温度、压力、湿度和风探测的气象气球，一般用天然橡胶或氯丁合成橡胶制成，有圆形、梨形等不同形状。探空气球所能达到的最大高度，即球皮破裂时的临界高度，主要取决于橡胶球皮的质量。

一般重1千克左右的探空气球，85%以上都可以到达30千米左右的高度。

定高气球为气象专用气球，是指在大气中保持在等密度面上，平稳地随气流飘移的自由气球，分低空定高气球和高空定高气球两种。低空定高

◆系留气球在北极

气球一般用于探测边界层内气流变化，以了解局部地区的风向和风速的每日变化情况。而高空定高气球一般携带探空仪器，用于探测等压面上的气流情况和温度，湿度等的变化。

系留气球是被缆绳拴在地面绞车上，大气中飘浮高度可变的气球。它的升空高度一般在2千米以下，主要应用于大气边界层探测。为使气球具有良好的稳定性，有时会做成流线型，横放在空中。观测的项目除了常规的气象要素，诸如温度、湿度、压强、风速之外，还可用来对大气污染进行监测。在军用领域，还可用于预警、电子对抗、技术侦察与监视、超长波通信、信息中继等。

你知道吗？

母子定高气球系统

目前大型定高气球能携带300个下投探空仪，根据来自气象卫星的指令每隔一定飘浮距离投下一架探空仪，下投的探空仪带降落伞，观测数据由无线电信号发到母球，再由母球转送到卫星，最后由卫星播发到地面站接收。这种与卫星结合的定高气球，我们称之为母子定高气球系统。

广角镜——平流层气球

平流层气球具有10～30万立方米或更大的容积，充氢气后可以负载100～150公斤的仪器，是一种能升至平流层高度进行探测的大型气象气球。它采用的现代定位跟踪遥控遥测等技术，不同于常规的无线电探空气球和定高气球。目前平流层气球探测主要用于科学试验研究，除了可以进行大气成分、臭氧、太阳常数、辐射量等的探测，而且还用于高能物理、天文、空间物理等多学科的探测研究。

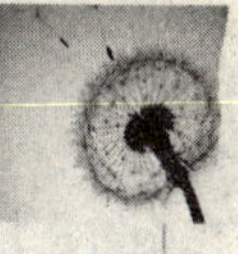

漫步星空的气象侦探
——气象卫星

◆漫步太空的气象卫星

现在，天气预报准确率比过去要高得多，这都是气象卫星的功劳！例如，1986 年，一次台风在广东省汕头登陆，气象部门利用气象卫星提供的资料提前 72 小时作出了预报，于是，3000 多艘渔轮提前返港，35 座中型水库采取了安全措施，并对方圆 100 万平方千米范围内的农作物进行了提前抢收，从而减少了大约 10 亿元人民币的经济损失。

为什么气象卫星能够大大提高天气预报的准确率？在天气预报中，它到底扮演着怎样的角色？让我们穿越地球大气层，一起去看看这个外太空的气象侦探到底是个什么模样？

气象卫星如何工作

气象卫星是从太空对地球及其大气层进行气象观测的人造地球卫星，是卫星气象观测系统的空间部分。它上面载有各种气象遥感器，可以接收和测量地球及其大气层发出的可见光、红外线和微波辐射，并将其转换成电信号传送给地面气象卫星接收站。地面站再将卫星传来的电信号进行复原，然后绘制成对应的云层、地表和海面图

> 世界上第一颗气象卫星是美国1959年2月17日发射的先锋2号卫星，按计划，它是用来观察云的，但因为它的自转轴不稳定，因此它的数据无法被利用。

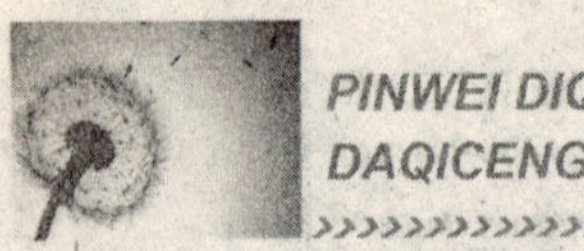

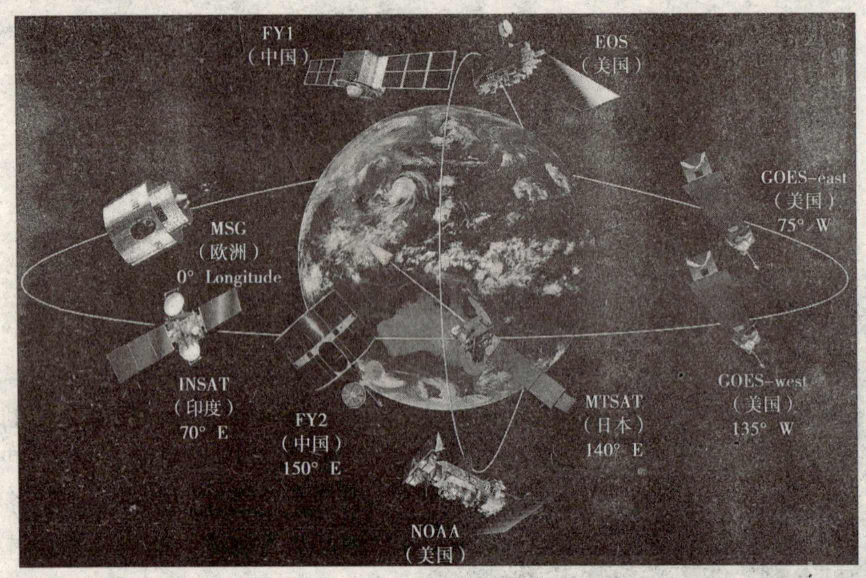

◆遍布太空的气象卫星

片。随后气象学家会对发回的卫星云图进行分析并判断预测出云层的分布范围、移动方向和变化趋势。而气象卫星上的热辐射测量仪，可用以拍摄传回海洋和云层表面的“温度图”。此外，气象卫星还可用于对大气层中的湿度与风速进行持续监测，并对地面自动观测站的数据信息进行搜集，然后发往控制中心。

知识库——气象卫星的发展史

气象卫星不只可以观察云和云的系统，对城市灯光、火灾、大气和水污染、极光、沙暴、冰雪覆盖率、海流和能源浪费等环境信息，气象卫星都可以进行收集。

1958 年美国发射的人造卫星开始携带气象仪器，1960 年 4 月 1 日，美国首先发射了第一颗人造试验气象卫星“泰罗斯”1 号，卫星上装有电视摄像机、遥控磁带记录器及照片资料传输装置。

1969 年，苏联首次发射了“流

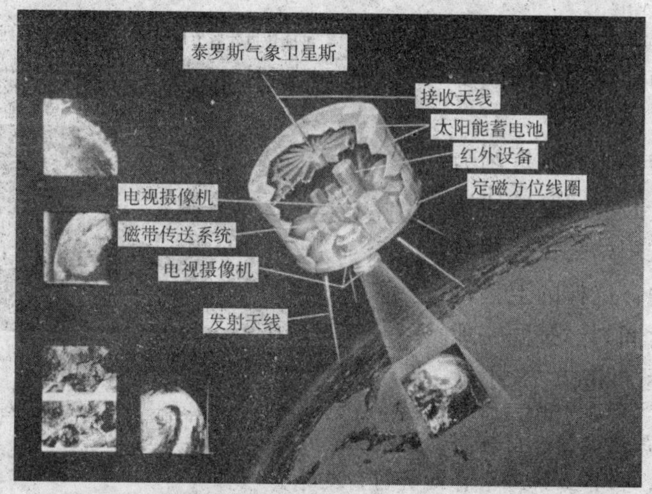

◆美国“泰罗斯”1号

◆1988年发射第一颗气象卫星——“风云一号”的图景

星”Ⅰ型气象卫星，采用太阳同步轨道。1988年9月7日，中国发射了第一颗太阳同步轨道气象卫星——“风云一号”。由于气象卫星上的元器件发生故障，仅工作了39天。后来，我国又先后成功发射了4颗极轨气象卫星（风云一号）和三颗静止气象卫星（风云二号），经历了从极轨卫星到静止卫星、从试验卫星到业务卫星的发展过程。

截止到1990年底，在30年的时间内，全世界共发射了116颗气象卫星，已经形成了一个全球性的气象卫星网，消灭了全球4/5地方的气象观测空白区，使人们能准确地获得连续的、全球范围内的大气运动规律，作出精确的气象预报，大大减少灾害性损失。

气象卫星有哪些?

目前，在太空中运行的气象卫星主要有两种，一种是运行轨道与太阳同步的极轨卫星，另一种是运行轨道与地球同步的同步卫星。

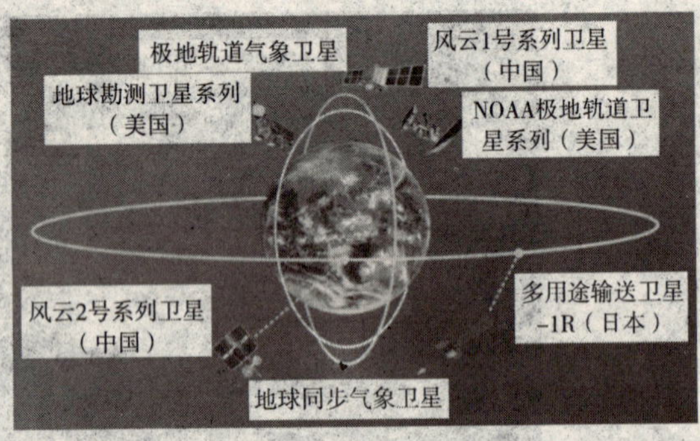

◆气象卫星运行的两种轨道

极轨卫星飞行高度约为600～1500千米，卫星的轨道平面和太阳始终保持相对固定的交角，这样的卫星每天在固定时间内经过同一地区2次，因而每隔12小时就可获得一份全球的气象资料，但是对某一地区一天只能观测两次。

中国是继美国、前苏联、欧空局、日本之后，世界上第五个自行研制和发射静止气象卫星的国家，也是继美国和前苏联之后，第三个自行研制和发射极轨气象卫星的国家。

地球同步卫星运行高度约35800千米，其轨道平面与地球的赤道平面相重合。从地球上看，卫星静止在赤道某个经度的上空。一颗同步卫星的观测范围一般为100个经度跨距，从南纬50°到北纬50°，100个纬度跨距，因而4颗这样的卫星就可形成覆盖全球中、低纬度地区的观测网。但是对纬度高于50°的地区，气象观测的准确性将大打折扣。不难看出，如果这两种卫星同时在天上工作，就可以优势互补，从而获得全方位的气象数据。

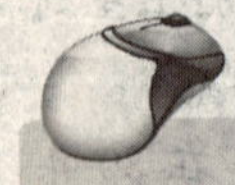

点击——中国的那些太空侦探

目前，中国气象卫星历经20多年发展，已建立起极轨和静止两种气象卫星系列及相应地面应用系统，成为世界气象卫星观测网的重要成员。

2008年5月27日，在太原卫星发射中心，随着新一代极轨气象卫星“风云三号”A被长征四号丙运载火箭成功送入太空，中国已先后将九颗气象卫星成功送入太空。这九颗气象卫星包括四颗“风云一号”极轨气象卫星，四颗“风云二号”静止轨道气象卫星和“风云三号”A极轨气象卫星。它们的发射历程大致

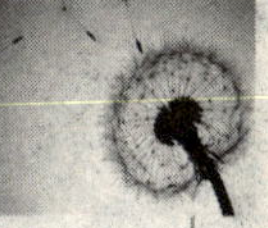

◆国家卫星气象中心

◆“风云三号”A 发射现场

如下：

1988 年 9 月 7 日，“风云一号”A 卫星在太原卫星发射中心成功发射。

1990 年 9 月 3 日，“风云一号”B 卫星在太原卫星发射中心成功发射。

1997 年 6 月 10 日，“风云二号”A 卫星在西昌卫星发射中心成功发射。

1999 年 5 月 10 日，“风云一号”C 卫星在太原卫星发射中心成功发射。

2000 年 6 月 25 日，“风云二号”B 气象卫星在西昌卫星发射中心成功发射。

2002 年 5 月 15 日，“风云一号”D 卫星在太原卫星发射中心成功发射。

2004 年 10 月 19 日，中国首颗业务型静止轨道气象卫星“风云二号”C 星在西昌卫星发射中心成功发射。

2006 年 12 月 8 日，“风云二号”D 气象卫星在西昌卫星发射中心成功发射，实现了双星对地同步立体观测。

2008 年 5 月 27 日，新一代极轨气象卫星“风云三号”A 在太原卫星发射中心成功发射。

卫星云图

在气象预测过程中，非常重要的卫星云图的拍摄有两种形式：一种限于白天工作，是借助于地球上物体对太阳光的反射程度而拍摄的可见光云图；另一种可以全天候工作，是借助地球表面物体温度和大气层温度辐射的程度，形成的红外云图。有经验

红外线卫星云图上，温度低的云层会以亮白色来显示，表示此处的云层较高；而暗灰色的部分则代表云层高度较低，因为越接近地面的云层温度越高。简单而言，即以云顶的不同温度来判断云层的高度。

的专业人员可以分析气象卫星的红外线图像，通过它们可以确定云的高度和类型，计算地面和水面的温度，还可以确定海面的污染、潮汐和海流等。

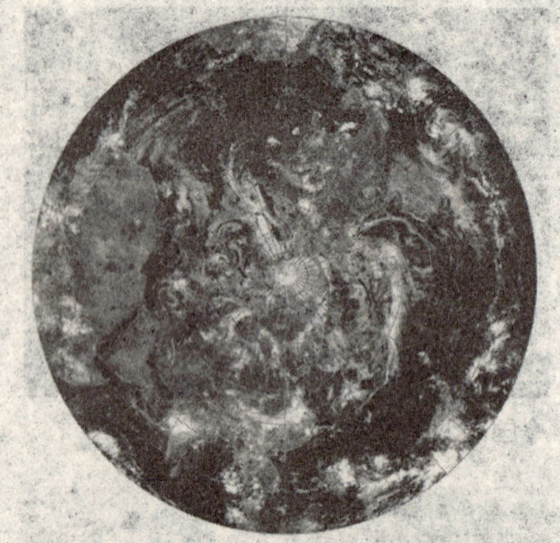

◆“风云一号”D气象卫星拍摄的地球红外可见光彩色合成图

你知道吗?

世界上目前分辨率最高的气象卫星是美国国防部的气象卫星DMSP。它的飞行高度是720千米，可以分辨出地面上油车大小的物体，且可以在夜里利用月光照明来拍可见光的照片。它拍的城市灯光、火山爆发、大火、闪电、流星、油田和极光的照片非常动人，而且这些图片可以用来计算一个地区使用能源的量。此外，天文学家还用它们来确定一个观察点的光污染程度。

天空的暗示——天气谚语

尝闻秦地西风雨，
为问西风早晚回？
白发老农如鹤立，
麦场高处望云开。
——雍裕之《农家望晴》

◆农家望晴

风与天气

◆山雨欲来风满楼

风有从北方来的，也有从南方来的，有从东边来的，也有从西边来的。因为各方向的地理属性不一致，所以不同来历的风有它多样的特性。有冷风，也有热风；有干风，也有湿风。沙漠吹来的风，挟带着沙尘；海面来的风，就含有更多的水汽。因此，我们在不同的风里面，就有不同的感觉，可以看到不同的天空景象。

风是最容易被人们感知的，所以流传下了很多关于风的谚语。例如，“山雨欲来风满楼”，这句话就恰如其分的道出了风和雨的关系，“风满楼”是“山雨欲来”的先兆。古人根据长期观察，总结了许多预测天气变化的关于风的谚语。

知识库——风如何预示天气？

因为空气的上升运动和充足的水汽是兴云致雨的两个基本条件。不同的风带来不同的上升运动条件和水汽条件，自然就会产生不同的晴雨天气过程。

例如，我国华东地区东临海洋，西连大陆，那里就流传着“东风送湿西风干，南风吹暖北风寒”的谚语。东风湿，南风暖，所以东南风自然又湿又暖，这又湿又暖的空气为云雨的产生提供了丰富的水汽，只要有上升的机会，就会兴云致雨。因此东南风成为了下雨的征兆。相关的谚语有“要问雨远近，但看东南风”、“白天东南风，夜晚湿布衣”。

◆被风吹过的山峰

◆遭遇干旱的农田

有时候我们还听到过这样的一些谚语：

“东南风，燥松松”（江苏江阴）。

“五月南风遭大水，六月南风海也枯”（浙江、广东）。

“五月南风赶水龙；六月南风星夜干”（广东）。

“春南风，雨咚咚；夏南风，一场空”（江苏、无锡、湖北钟祥）。

“六月西南天皓洁”（江苏无锡）。

“六月起南风，十冲干九冲” （湖北）。

“天皓洁”指天气晴好；“冲”指山冲，“十冲干九冲”意思是十个山冲就干

热力对流的发生是由于地面特别热，地面层空气因受热膨胀的缘故而向上升腾。热力对流就是这样把地面的水汽带到高空变冷而兴云致雨的。

掉九个，旱情十分严重。这是流行在东南沿海各省的夏季天气谚语。可是东南风明明从海洋来的，为什么又会让天气变得干燥起来呢？

原来，雨水的下降，一方面要有原料——水蒸气；另一方面，还要有使这些水蒸气变成云雨的条件。这个条件，在东南平原地区的夏季，就要靠热力的对流作用或两支不同方向来的气流之间的锋面活动。

但是如果风力太大，地面空气流动得太快，就不可能集中在地面受到强热的作用，也就不可能使地面水蒸气上升。另外，在单纯的东南风中，由于发源地的高空下沉作用，往往有高空反比低空暖的现象；这样，地面的空气就难于上升了。所以东南风里虽然有很多水蒸气，却无法兴云致雨。夏天没有云雨，天气自然就很热了。

看云测天

由于南北的地形和气候差异，所以我们在根据农谚判断天气的时候，还要注意这些农谚是出自哪些地区的。

俗话说，“云是天气变化的招牌”。因为天空中云的形状和变化很容易被人们观察到，因而在民间广泛流传着许多看云测天的谚语。

“鱼鳞天，不雨也风颠。”（《田家五行》论云）

这种云呈白色小薄块，或呈小球状，色洁白透明，排列成群，也有排成波纹的形状。看来好像鱼鳞，但又不是粗大而灰暗的。在气象学上，这种云叫做卷积云，是发生在气旋前驱的云。这种云一出现，就告诉我们气旋跟着就要到了，所以“不雨也风颠”。

◆钩钩云

“天上钩钩云，地下雨淋淋。”（江苏、浙江、湖北）

这种白色光洁，前端带钩的丝条状云称为钩卷云。它的出现也是下雨的征兆。类似的还有：

“云交云，雨淋淋。”（江苏无锡）

“天上虾须云，三日雨淋淋。”（广东）

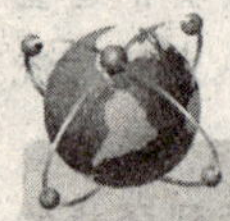

广角镜——为何有“雹打一条线”之说

长期以来，人们观测发现下雹地区的宽度不大，而长度却很长，下雹地区就像带子一样。因此，人们常说“雹打一条线”。

密密麻麻的冰雹

冰雹是在积雨云中产生的，那是不是所有的积雨云都会产生冰雹呢？回答是否定的。这是因为要产生冰雹必须有足够的上升气流将水滴送到很高的高度（积雨云中雪区），在那里凝结成雹心，而后几经升降逐渐增大。只有上升气流最强的地方才能支持住足够大的冰雹使它不致于下落，也就是说上升气流最强的地方才能产生足够大的冰雹。

只有足够大的冰雹才能在下落的途中不会被蒸发掉或变成雨滴，如果上升气流不强即使形成冰雹，在下落过程中由于外界空气温度很高，在下落时也会迅速融化，到地面只能下雨不可能下雹。

可见冰雹只能生成于积雨云中上升气流最强的地方，而上升气流最强的地方在积雨云中不过有二三千米的宽度，这样造成下雹的地方也只能有二三千米宽度了。积雨云移动的长度却可达几十千米以上，这样冰雹就下在二三千米宽、几十千米长的一个狭长地带里，这就是雹打一条线的原因。

闻雷辨天

“雷声绕圈转，有雨不久远。”（浙江黄岩）

若雷雨云在太远的地方，这里就听不到雷声。如果听到雷声绕圈转，则表示很近地方有雷雨发生了。由于附近的云块密蔽，云面凹凸不平，所以造成回声。既然雷雨发作在附近，雨自然一会儿就到了。

◆电闪雷鸣

其次，当冷暖空气在当地上空交锋时，由于它们势均力敌，你来我往，相对十分猛烈，也易形成“绕圈转”的现象。

“南闪火门开，北闪有雨来。”（浙江）

闪电总是与雷雨相伴发生，这句农谚所述的天气情况是发生在冷锋上的，称为冷锋雷雨，或飑线雷雨。冷锋位于北来冷气团的前锋，从北向南行动。看到雷电发生在北方，可见冷气团将跟着冷锋，自北向南而来，所以“北闪有雨来”。如果看到电闪发作在南方，它必定再向南去，不再北来。这时在当地盛行着的是干燥而清洁的北方气团，刚到时比较冷些，但是因为天青无云，阳光强烈，温度是会很快升高的，所以说“南闪火门开”。类似的谚语还有：

“电光西南，明日炎炎；电光西北，下雨涟涟。”（浙江义乌、江苏常熟、无锡）

“东南方向闪电晴，西北方向闪电雨。”（湖北应城）

“南闪晴，北闪雨。”（广东）

广角镜——为什么说“瑞雪兆丰年”？

“瑞雪兆丰年”是一句流传比较广的农谚，意思是说冬天下几场大雪，是来年庄稼获得丰收的预兆。这是为什么呢？

◆天降瑞雪

冬天下雪有很多好处。其一是保暖土壤，积水利田。冬季天气冷，下的雪往往不易融化，盖在土壤上的雪是比较松软的，里面藏了许多不流动的空气，空气是不易传热的，这样就像给庄稼盖了一条棉被，外面天气再冷，下面的温度也不会降得很低。等到寒潮过去以后，天气渐渐回暖，雪慢慢融化，这样，非但保住了庄稼不受冻害，而且雪融下去的水留在土壤里，给庄稼积蓄了很多水，对春耕播种以及庄稼的生长发育都很有利。

其二是为土壤增添肥料。雪中含有很多氮化物。据观测，如果1升雨水中能含1.5毫克的氮化物，那么1升雪中所含的氮化物能达7.5毫克。在融雪时，这些氮化物就会被融雪水带到土壤中，成为最好的肥料。

其三是冻死害虫。雪盖在土壤上起了保温作用，这对钻到地下过冬的害虫暂时有利。但化雪的时候，要从土壤中吸收许多热量，这时土壤会突然变得非常寒冷，温度降低许多，害虫就会冻死。

所以说冬季下几场大雪，是来年丰收的预兆。

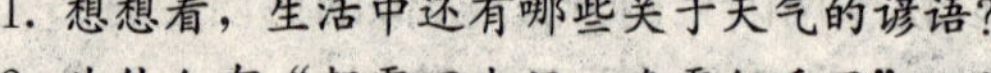

1. 想想看，生活中还有哪些关于天气的谚语？
2. 为什么有“朝霞不出门，晚霞行千里”一说？
3. 查资料，了解一下我国的二十四节气指的是什么？

伴你左右

——天气变化与气候

你的家乡气候是怎样的呢？是终年炎热，还是四季如春，又或者是冬冷夏热呢？你是否想过你所生活的气候对你有什么影响？为防止温室效应进一步加剧而产生的“低碳理念”你知道吗？在全球范围造成巨大影响的厄尔尼诺现象是怎么回事呢？在这一篇，让我们一起来了解一下一直在影响着我们的气候。

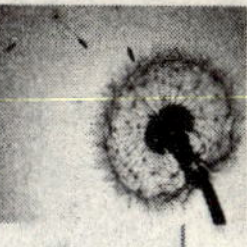

日积月累——气候的形成

武汉、重庆、南京被称为三大火炉，而成都却四季如春，这就是各个地方气候的差异。我们在选择居住的地方时，气候是我们考虑的首要因素之一。所谓一方水土养一方人，不同的气候，生长在当地的人就有不同的特点，可见气候对我们的影响是多么大。那么你对气候了解吗？你所居住的地方有着什么样的气候呢？

◆俯瞰台风

什么是气候？

全球气候系统的各个元素之间相互作用，并对人类造成的一些外部影响作出反应，这样就决定了全球的气候。

气候一词，我国自古就有，陆游在《园中书触目》中有这样一句诗：气候今年晚，浓霜始此回。这里的气候指的是一年的二十四节气和七十二候。杜牧在《阿房宫》里面写道：一宫之内而气候不齐。这里的气候指的是天气情况或者是天气变化。我们日常所指的气候大多数时候都是在说天气。那么在气象学研究领域，气候又是怎样的含义呢？

经典的气候概念指的是天气的平均情况，包括温度、降水、气压等特征。随着大气科学的发展，人们对影响气候因素认识的不断加深，气候的概念也逐渐发生了变化。现代气候的概念指的是由大气圈、水圈、冰雪圈、岩石圈、生物圈组成的气候系统的缓慢变化的状态，一般用温度、降雨等一些平均系统特征来描述，并且还关注这些系统特征随着时间的平均变化率关系。

小博士

气象、天气、气候的区别

气象一般指的是大气中的物理现象，比如风、雨、雷电、霜、雪、冰雹、朝晚霞、彩虹、晕等大气中的声光电现象。

天气指的是短时间内的气象特征，我们常常说“今天是个阴天”，“今天风和日丽，万里无云”等，指的都是天气。

气候指的是某一地区在某一段时间的多年平均状态，比如中国的南方四季分明，春天、秋天温暖，夏季炎热，冬季较寒冷，这个指的就是气候。

影响气候的因素

影响气候形成的因素有很多，有可能是全球气候系统自身的活动，比如日照周期性的变化；也有可能是受到人类活动的影响，如持续性的气体排放改变大气中各成分的比例，或者是对土地的利用改变局部地理环境，这些都会对局部甚至全球的气候产生影响。

影响气候的外部因素有：太阳辐射、地球轨道参数的变化、大陆漂移、火山活动等。

总的来说，这些影响因素可以分为外部因素和内部因素两种。气候系统内部的各个组成部分的相互作用为内部因素，外部因素必须通过内部作用才能对气候产生影响。综合起来看可以将影响气候的因素分为下面几种：太阳辐射，也就是日照强度；下垫面因素（海陆分布，地形和地面特征，冰雪覆盖）；大气环流；地球自转的影响；人类的活动等。下面将从几个重要的方面介绍它们在气候形成过程中的影响。

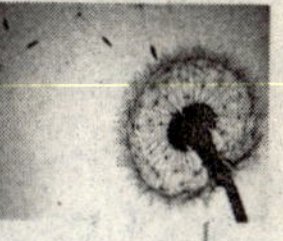

太阳辐射

> 当地球围绕太阳转到远日点时，日地距离最大，为15210万千米。
>
> 当地球在近日点时，日地距离为14710万千米。

太阳辐射是地球上一切能量的来源，它对地球气候的形成也起到了决定的作用。各地气候的差异和季节的交替就是太阳辐射在全球范围内分布不均并且随时间变化造成的。

由于地球围绕太阳旋转，以一年为周期，太阳直射的位置在南北回归线之间移动，各个纬度受到的太阳辐射相应地发生变化。总的来说纬度越高，受到的太阳辐射总量就越少，纬度越低，受辐射越多。在低纬度的赤道地带四季变化很不明显，而在高纬度地带就有明显的四季变化。

其实，地面和大气层在接收太阳辐射的同时也在向外辐射着能量，一个是能量的收入，一个是能量的支出，总的收支情况在各纬度是不一样的。在赤道地带，收入大于支出，在纬度约为30°的地方达到平衡，高于30°的地方支出高于收入。

影响太阳辐射分布的主要原因是太阳和地球的相对位置造成的日地距离、日照时数、太阳高度的变化。在春分和秋分两日，太阳直射赤道，所以赤道一带一年两次受到太阳的直射，气候变化属于“双峰型”。夏至时太阳直射北回归线，此时南极日照时间是最短的，出现极夜现象，而北极圈以内进入极昼，日照时间最长。此时的太阳高度在北回归线最大，在南极是一年中最小值，北极的太阳高度达到一年中的最大值。北极圈附近的能量收入达到最大值。因此在中、高纬度地区能量收入只能在一年内达到一次最大值，属于“单峰型”。

太阳辐射基本上决定了地球气候带的分布，从低纬度到高纬度，地球气候带依次为：热带、亚热带、温带、寒带。这个是最基本的轮廓，由于受到其他因素的影响，全球的气候种类多达数十种。

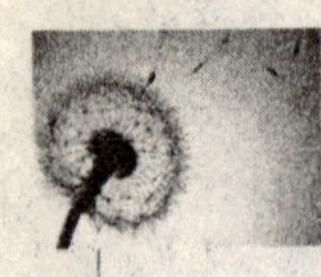

链接——日照时数、太阳高度

◆日照计

日照时数指的是太阳实际照射地面的小时数，随季节和纬度变化。以北京为例，2003 年日照时数最长的是 6 月份，240 小时；最短的是 11 月份，122 小时。

日照时数是衡量一个地方光照条件最重要的参数，对当地的农业生产有重要影响。我们可以用暗筒式日照计、聚焦式日照计，光电日照计等来测量日照时数。

太阳高度实际上不是一个“高度”，而是一个“角度”，它指的是太阳光线和地平面的夹角。一天之中，当早晨太阳刚从地平线升起时，这时太阳高度是 0°，正午时分，太阳在正上方，太阳高度最大是 90°。

太阳高度也随着纬度和季节变化。北京在夏至日时有最大的太阳高度 73.5°。

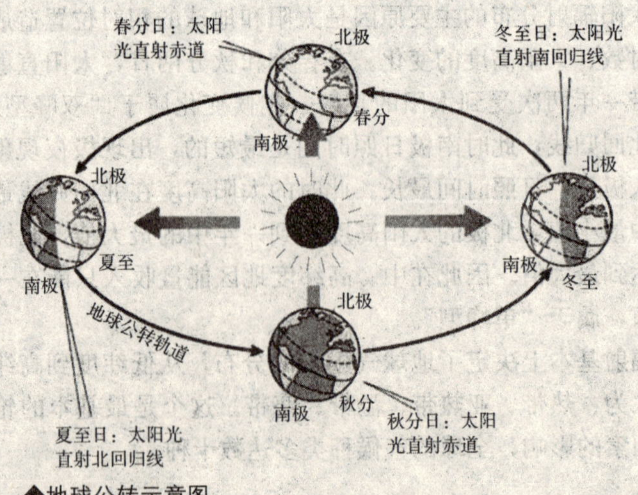

◆地球公转示意图

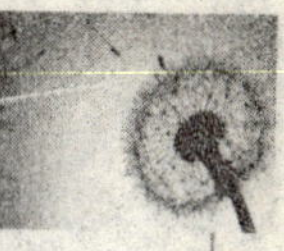

大气环流

大气环流是全球气候特征和大范围天气变化的主导因素，也是天气系统活动的背景。

大气环流是决定气候的又一重要因素。它在全球范围内的高、低纬度之间，以及海陆之间输送水分和热量。热量的输送使得热带的温度有所降低，中高纬度的温度有所升高。大气环流在一定程度上改变了气候分布的纬度地带性，并且使海陆分布对气候的影响变大。

◆2008 年 1 月我国特大冰灾

由于各纬度受到的太阳辐射不同，因而各地气压不同，海洋和陆地由于温度的差异也有气压差。大气在气压梯度力和地球自转造成的偏向力的作用下形成环流。各种各样的大气活动如气团、气旋、风、反气旋等都受到大气环流的引导。

赤道地区降水多，覆盖了很多的热带雨林，主要原因就是赤道常年受到的太阳辐射多，温度高，受低压的控制，近地面的高温空气向上流动，易形成降水。而副热带的大部分地区是荒漠，这是因为副热带被高压控制，以下降气流为主，造成降雨稀少。当一个地区受到两种气压交替控制时，就可以感觉到明显的季节交替。

一般来说，一个地区的环流都有一个变化规律，当大气环流的变化与这个变化规律或者平均值相差很大时，就会产生一些自然灾害，如旱灾，洪涝，持续严寒等。在环流异常时，自然灾害在全球范围内的发生是“互补”的，比如一个地方极热，另一个地方可能就极冷，一个地方发生旱灾，另外一个地方可能出现洪涝。

下垫面

下垫面是指地球表面地理环境的分布，如海陆分布，草原、高原、山地、城市等。下垫面也是影响气候环境的重要因素之一。

下垫面影响着大气的气温、大气水分的分布。由于地面辐射是低层大气热量的直接来源，所以下垫面直接影响着近地大气的气温。地形分布影响水汽的分布，如山脉在气流的运动过程中往往起阻碍作用，它可阻止北边过来的冷空气，南方过来的暖空气，而在山脉的周围将形成充沛的雨水。人们也可以通过绿化等方法改变下垫面的性质进而改变局部气候。

分析——热岛效应

“热岛效应”是人类活动对局部气候产生影响的最直观的体现。

在城市中，由于居住密集，工业生产活动集中，产生极大的热能。城市里高低不一的建筑阻碍了热量的及时扩散，导致城市内的温度比周边地区要高，这就是“热岛效应”。

受到热岛效应的影响，城市排放的有害气体和烟尘会大量积累，造成严重的大气污染，导致某些疾病的高发病率。医学表明，环境温度过高时，人体有较大的不适感，严重时会引起中暑、精神错乱。当温度高于34℃时，脑血管、心脏

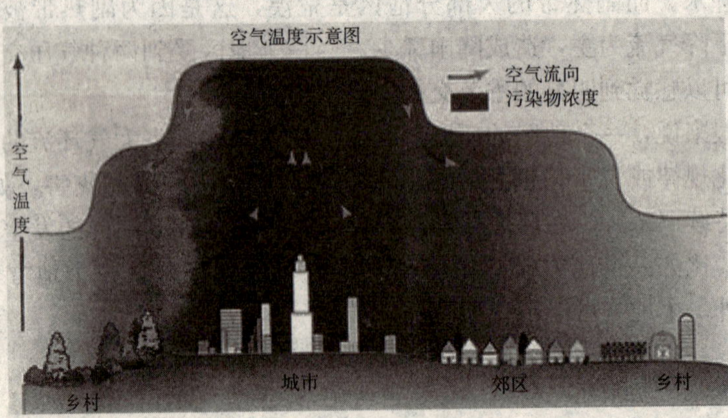

◆热岛效应

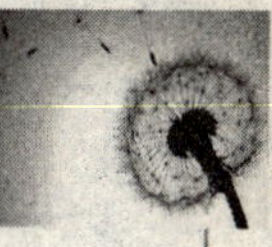

和呼吸道等疾病的发病率大大增加。

另外，热岛效应还会加重城市的能源消耗、水资源损耗，使城市的舒适度降低。

1. 影响气候的主要因素有哪些？
2. 大气环流对气候有哪些影响？
3. 下垫面指的是什么？
4. 热岛效应有哪些危害，怎么降低热岛效应？
5. 查找相关资料，看看影响气候的因素还有哪些？

千姿百态——气候带

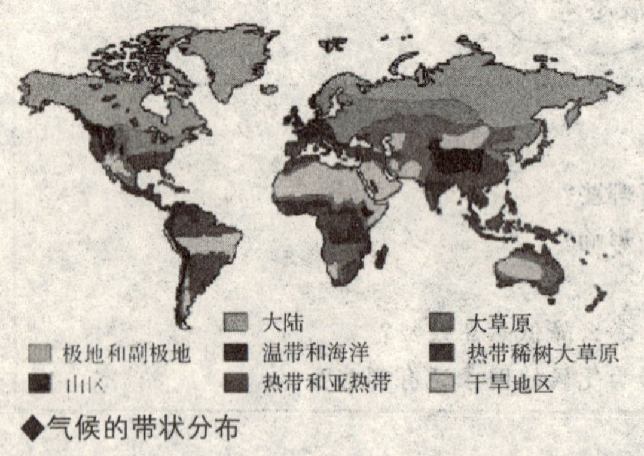

◆气候的带状分布

从北极圈往南极圈看，每隔一定的距离就形成了不同的自然景观带，不同的景观带生长着不同的动植物。例如：北极圈的苔原带、北极圈以南的针叶林带、北回归线处的沙漠带、赤道处的雨林带等。由此可见，气候带构成了地理环境组成的重要部分，气候带的存在引起了地理环境中生物、土壤、水文以及自然景观的地带分异。

气候带的划分

气候带的划分是由最基本的气候形成因素——太阳辐射决定的。古代希腊亚里士多德就曾以南、北回归线和南、北极圈把地球气候划分为五个带，即：热带、北温带、南温带、北寒带、南寒带，称为天文气候带或数理气候带。这种古老的划分方法，根据的只是太阳高度和昼夜长短，所以也称太阳气候带。

◆亚里士多德

根据太阳气候带，各个气候带的面积占整个地球总面积的百分比是：热带占40%，温带占52%，寒带占8%。温带处于中纬度地区，南北温度梯度大，气候有极大的差异。温带如此大的面积，与实际气候分布很不相符。因此，温带一般又分为三个带，即：亚热带、温带和冷温带。赤道无风带是空气复合的地带，除了全年高温外，降雨也多，不论气候和植物都与热带其他地区有明显不同，况且热带面积也太大，所以又从热带中划出赤道气候带。热带就只包括赤道气候带与回归线之间的地区。这样，地球上的气候带就包括：赤道带、热带、副热带、温带、冷温带和寒带。

气候带是大致与纬圈平行、环绕地球呈连续带状分布的气候分类单位，是地球上最大的气候区域单位。从低纬度到高纬度，气候带按一定顺序分布。

赤道气候带

◆亚马孙河流域

赤道气候带出现在赤道无风带的范围内，包括南美洲亚马孙河流域，非洲扎伊河流域、几内亚沿海以及马来西亚、印度尼西亚和巴布亚新几内亚等地。

太阳每年有两次越过天顶，温度在春、秋分以后有两个极大值，冬、夏季则为两个较凉季节。太阳徘徊丁赤道附近，使赤道气候终年高温，年平均气温 25℃～30℃，年较差极小，平均不到 5℃，日较差相对比较大，平均达 10℃，远大于年较差。赤道地区最高温度很少达到 35℃，但终年高温、闷热，只有短暂的海风，才能使闷热稍减，风息之后，又异常闷热。赤道气候带降水丰沛，是地球上最多雨的地带，年降水量 1000～2000 毫米，降水量全年分配均匀，没有明显的干季，降水多为对流雨。

热带气候带

热带气候带分布在赤道与回归线之间，太阳高度很高，常年高温。四季不明显，年平均气温在20℃以上，最冷月气温在15℃～18℃之间，年较差大约为12℃。晴朗干燥时气温还可高于赤道，最高温度可达43℃以上。夜间降温迅速，清晨可降至10℃，冬季还会现霜冻。

热带的雨季出现于夏季，使夏季的温度降低，所以最热时期出现在雨季之前。但因雨季湿度大，常常感到闷热，雨季后温度又有升高。热带虽然四季不明显，干湿季却十分显著。干、湿季转换时间各地稍有差异，雨季时间大致是5～10月，干季为11～4月。热带雨季的气候与赤道带的相似，高温、多雨、闷热，日较差小，常间以短暂的晴朗天气，雨量在100～1500毫米之间。越靠近赤道雨季越长，干季越短，雨季以后的干季，在信风控制下，盛行下沉气流，气候干燥，相对湿度60%～70%，雨量极少，植物凋萎，土壤干裂。

知识窗

热带夏季多发台风

夏季的热带海洋面上水温在26.5℃以上，台风容易发生。台风路径在热带多为向西行进，然后向北，出了热带，则向东行进。在热带气流行进路上，如无减灾防灾措施，就有可能遭受洪水和暴风的袭击，造成生命和财产损失。

副热带气候

副热带也称为亚热带。副热带气候带出现在副热带高压控制的地带，一年中的大部分时间受信风吹拂，盛行下沉气流，地面温度高，日照强，少云，大气稳定，气候干燥。只有在大陆东岸，因为有暖洋流经过，又迎着信风，气候才变得潮湿。大陆西岸则处于信风的背风位置，沿岸有冷洋

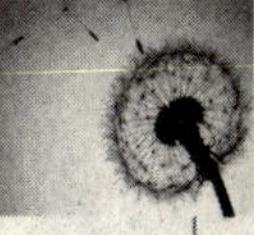

流经过。

轻松一刻

世界上最热的地方

世界上最热的有5个地方，北非的撒哈拉沙漠，东非的索马里半岛的伯倍拉沙漠，中亚地区的伊拉克沙漠，北美洲的莫哈维沙漠、比斯卡伊诺沙漠，还有一个是澳大利亚中西部的大沙沙漠。

伯培拉附近沙漠里的温度竟高达63℃，是地球上名符其实的“热极”。但这些热极不在赤道上，而是在北回归线附近，你知道是为什么吗？

温带气候带

温带气候带一般是指中纬度30°～45°之间的地区，气候受西风带和副热带高压季节变动的影响。夏季在副热带高压影响下，具有副热带气候特点，冬季在西风带控制下，又具有冷温带气候的特点。夏季炎热漫长，冬季温和。

知识窗

大陆东西部与农作物

大陆西部年降水量约300～900毫米，迎风坡可达1500毫米，降水量冬季多于夏季。冬季温度低时很潮湿，夏季温度高时却很干燥，很不利于发展农业，只能依靠灌溉。

大陆东部年降水量在600～1500毫米之间，主要分布在夏季，夏季高温与多雨配合，有利农作物生长。

温带气候的显著特点是四季分明，最冷月平均气温在5℃～10℃之间，最热月在25℃～30℃之间。年较差约为15℃～20℃，从海洋沿岸往内陆推进，气候的大陆性逐渐明显，年较差由小逐渐变大。大陆西部夏季晴朗，太阳辐射强烈，气候炎热，居民多以百叶窗防避光热；但因湿度小，并不觉得闷热。大陆东部夏季温度高，湿度大，风速微弱，云量多，终日都非常闷热。在冬季，大陆西部白天暖和，夜间则可出现霜冻。大陆东部虽也温和，但是常有寒潮侵袭，气温猛降，更觉寒冷。

冷温带气候带

◆大兴安岭的寒温带原始森林

冷温带气候带一般指中高纬度的地方，大体在纬度45°与极圈之间，终年在西风带控制之下。冬季寒冷而漫长，夏季温和且短促。

由于受到西风带的影响，大陆西部与大陆东部气候差别很大。大陆西部有暖洋流经过海岸，西风经暖洋面吹入大陆，气候具有海洋性，随着西风深入内部，长途跋涉，水汽沿途不断减少，气温逐渐降低。到大陆东部，气候的海洋性减弱，大陆性增强。大陆西部夏季凉爽，7月平均温度15℃～20℃，日较差约为10℃。白天不觉炎热，夜间不觉寒冷。冬季比同纬度地区暖和，1月平均气温多在0℃～10℃之间，夜间潮湿多云，保温作用极强，所以并不觉得寒冷。温度年变化不大，一般在10℃～15℃。大陆东部7月平均气温22℃～28℃，夏季时间较长，无霜期达150～200天，是发展农业的好地方。冬季1月平均气温在－24℃～－3℃之间。

你知道吗？

冷温带由于锋面气旋活动频繁，降水量较多，是地球上的第二大多雨带。

大陆西部年降水量500～1000毫米，全年分配均匀，但冬季雨量稍多于夏季，以降雪为主。大陆东部年降水量也在500～1000毫米之间，主要分配在夏

与自由的舞者牵手

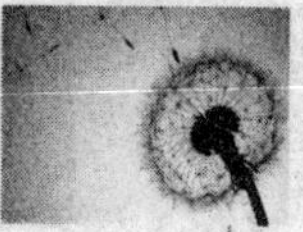

季，多为对流雨。所以大陆东部夏季高温，多雨，多日照，成为农业的理想气候。不过，在冷温带内陆，气候干燥寒冷，日光充足，降水稀少，与大陆西部和东部都不相同。

极地气候带

◆极地气候带

极地气候带分布于南北极圈以内的极地区域。在两极点昼夜等长，都是半年。随着纬度降低，昼夜时间会有增减变化。但是在极圈以内，至少有一天，即夏至日昼长 24 小时，到冬至日则整日不见太阳。极点直到春分点太阳才冉冉升起，春分前辐射渐少且因不断冷却，所以最低温度在春分前出现。当纬度降低时，最低温度出现时间提早。在夏季虽然白天时间特长，但因太阳光斜射，太阳辐射已大大减弱，达到地面的辐射又被冰雪表面强烈反射。地面实际吸收的辐射能量，大部分要用于融雪。因此，极地气候的显著特点就是终年寒冷。

夏季最热月气温在 10℃以下。接近极点附近，夏季最热月气温更低于 0℃，仍然很寒冷。在靠近极圈附近，地表冰雪虽然能够在夏季融解成沼泽，下面的土层却仍然冻结，成为终年不化的永冻土。极地冬季温度更低，最冷月气温在－30℃～－40℃，如果遇上雪暴发生，风雪交加，更是奇冷异常。

极地地面温度低，又在极地高压的笼罩下，盛行下沉气流，降水稀少，大部分地区年降水量少于 250 毫米，到极点附近或大陆内部，降水量更在 100 毫米以下，降水全部是雪，并且大多是干燥坚硬的雪粒。在极圈附近，因为偶然有气旋侵入，降水量增多，可在 300 毫米以上。所以极地气候的另一特点是干燥、降水少。

"七十二变"——气候型

我们按照太阳的辐射简单地把地球分为热带、亚热带、温带、冷温带、寒带这五个基本的气候带，但即使是同一个气候带，受到海陆分布、地形起伏、大气环流等的影响，各地方的降雨、气温、植被都是不一样的，也就是说同一气候带中可以包含多种气候，全球范围内的气候可以细分为多种气候型，这一节，就让我们来了解一下吧。

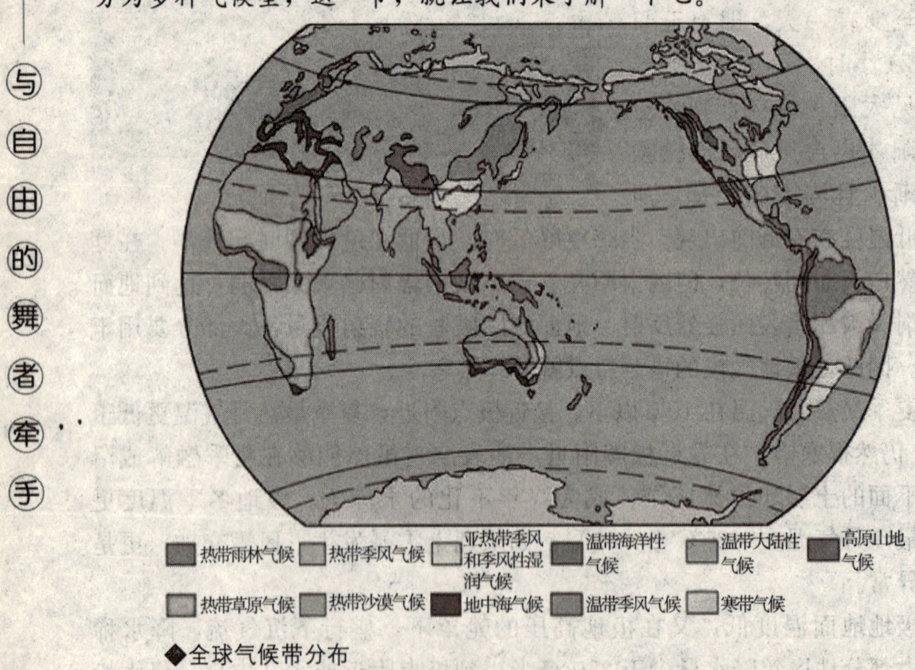

◆全球气候带分布

基本的气候

气候型是比气候带次一级的气候单位。气候型受到海陆的分布、地形

> 实际上，气候带或者气候型之间没有绝对的分界，它们之间存在一个过渡地带，总是逐渐转变为另一种气候带或者气候型的。

的起伏以及大气环流的影响，并不像气候带那样呈带状分布。气候型的分布更为复杂。同一气候带可能存在于不同的气候型，同一气候型也可能存在不同的气候带中。比如说沙漠气候可能分布在热带、副热带，也有可能在温带。

气候型的划分有一些特征指标，气温、降水是两大最重要的指标。大陆性气候和海洋性气候是两种最基本的气候型。其他的气候型可能是两者的混合，或者在两者的过渡区间，或者是两者的极端情况。比如：季风性气候是大陆型气候和海洋性气候的混合，海岸气候就是介于两者之间的一种气候；大陆气候的极端情况就成了沙漠气候。

链接——柯本气候分类

柯本气候分类是现在被广泛采用的一种气候分类法。根据各地植被的分布、降水和温度，他把全球气候分为六个气候带：热带，干带，温暖带，冷热带，温带，极地带。

进而将各个气候带的气候划分为12个主要的气候型。热带：热带雨林气候，热带草原气候，热带季风气候；干带：草原气候，沙漠气候；温暖带：地中海气候，冬干温暖气候，常湿温暖气候；温带：常湿冷温气候，冬干冷温气候；极地带：苔原气候，冰原气候。

大陆性气候

大陆性气候是地球上一种最基本的气候型。一般的中纬度大陆的气候就属于大陆性气候。它的特点就是受海洋的影响很少，主要受大陆的影响。

中纬度地区受到的太阳辐射很大，地面辐射也很大，所以温度、湿度随季节都有很大的变化。夏季时，太阳辐射强，地面温度迅速升高，导致

地面气体密度较小，对流运动频繁，雨水较多，湿度大，气压低。冬季温度低，较干燥，气压高。年降水主要集中在夏季，最高温一般出现在夏至后的7月，最低气温出现在冬至后的1月。降水的异常常引发洪涝和干旱等自然灾害。

小博士

我国的气候型

我国是典型的大陆性气候，和同纬度的地区相比，冬季我国是最冷的地方，夏季又是最热的地方。以东北地区为例：1月份要比同纬度平均温度低15℃～20℃，7月份东北要比同纬度地区平均气温高4℃。

因此我国很多地方的建筑都安装空调或暖气。有一部分冬冷夏热的地区既安装空调也安装供暖设施。这使得我国建筑热工能耗远远高于世界平均水平。

海洋性气候

海洋性气候是地球上另一种基本的气候型。相比大陆性气候，海洋性气候是更适宜居住的一种气候类型。顾名思义，它的特点是受海洋影响大，受大陆影响小。西欧沿海地区是典型的海洋性气候。

海洋性气候的气温变化较大陆性气候小。春季气温低于秋季气温是它的一个明显的标志。最高温出现在8月，最低温则一般出现在2月。全年潮湿，降雨量分配均匀，天气以雨雾天气为主，很少见到阳光。

知识窗

虽然海洋性气候比较适宜居住，但是这种气候并不利于植物的生长。温和、多云、湿润的气候，造成小麦的蛋白质含量少，只有4%～8%，但是较炎热干燥的大陆性气候地区可达20%以上。小麦缺乏蛋白质，所以生活在海洋性气候地区的人要借助于肉类来补充蛋白质。

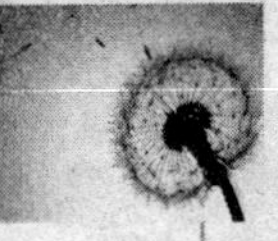

季风气候

季风气候指的是夏季受海洋影响，冬季受到大陆影响的气候，可以看出，季风气候其实是大陆性气候与海洋性气候的一个混合。

海洋的暖湿气流使得夏季气温较高，并且潮湿多雨，大陆干冷气流使得冬季比较寒冷，并且干燥少雨。所以季风气候的最高温时间和海洋性气候比较接近，在7～8月份，最低气温出现时间又和大陆性气候接近一致，一般出现在1月份。

季风气候的冬干夏雨特点极有利于农业。因为夏季是农作物的生长季节，需要较多的水分，而冬季作物一般已经收获。

知识库——我国气候类型

我国著名的地理学家和气象学家竺可桢先生最先对我国气候类型进行了划分。1959年中国科学院将我国划分为6个气候型和一个高原气候区：赤道季风气候，热带季风气候，副热带季风气候，暖温带季风气候，温带季风气候，寒温带季风气候，高原气候。

◆竺可桢

◆沙漠中的绿洲

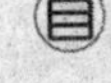

我国气候的一个显著特点就是具有季风特征。我国的季风气候特点可总结为：冬天气温低，较干燥；夏天气温高，较多雨。冬季大陆是高气压区，海洋上相对是一个低气压区，所以我国的冬季多偏北风和西北风。夏季大陆温度高，是低气压区，海洋温度较低成了高压区。所以，夏季我国主要的风向是西南风或者东南风。海洋带来的风富含水汽，易形成降雨，所以我国的降水多在5～9月份。

沙漠气候

塔克拉玛干沙漠是我国境内最大的沙漠，也是世界上仅次于撒哈拉沙漠的第二大沙漠，那儿就是典型的沙漠气候。沙漠气候是大陆性气候的极端情况。由于降水少，因此植物难以生长，因而地表是裸露的。白天受到太阳的辐射，气温迅速升高，空气干燥，少有降雨。夜晚时，气温又降得极快，造成极大的日温差。塔克拉玛干沙漠最高温可达67.2℃，年平均降水不足100毫米，风沙活动强烈。在塔克拉玛干沙漠中有一条贯穿塔克拉玛干沙漠的河流——和阗河，它的两岸生长着胡杨等植物，被称为沙漠中的“绿色走廊”。沙漠中的农业只有依靠昆仑山的雪水灌溉，种植水稻、小麦、葡萄、西瓜等，由于日照时间长，温差大，生产的农作物产量不低，而且瓜果都很甜。

知识库——为何新疆的瓜果这么甜?

瓜果的甜味主要是因为含有果糖等糖分。科学研究表明，气温会对植物的光合作用和呼吸作用产生很大影响。白天气温高，有利于增强光合作用，合成更多的碳水化合物——蔗糖。晚上气温低，呼吸作用减弱，消耗的养分就少。因此温差大的地方有利于植物物质的积累。

◆新疆的葡萄

新疆的温差是我国温差最大的地区，“早穿棉袄晚穿纱，围着火炉吃西瓜”描述的就是新疆温差大的现象，所以新疆的瓜果

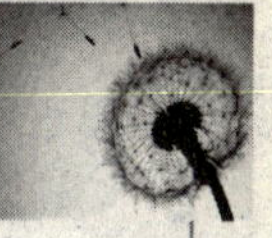

特别甜。当然新疆的瓜果甜还与新疆干旱少雨有关，维持植物体内较浓的糖分，是为了维持较高渗透压，防止水分流失，有更强的抗旱能力。

草原气候

◆大草原

草原气候是大陆性气候的一种，是介于沙漠气候和森林气候之间的过渡性气候。一般环绕沙漠气候分布，可分为靠近沙漠的干草原和靠近森林的湿草原。这两种草原气候有一些区别。总的来说，草原气候降雨量较少，主要集中在夏季的阵性降雨。大部分时间气候干旱，所以草原没有高大树木。草原的冬季气温很低，时间很长，夏季时间较短。7、8月份时日照充足，而且有一定的雨量，所以牧草茂盛，牛羊成群，此时是草原的黄金季节，夏季的草原风景如画，蓝蓝的天空，一望无边的草原，微风吹过，荡起一层绿的波涛。

我国的内蒙古、新疆都有大片的草原。草原地区的冬季和春季常发生干旱现象，冬季由于常常出现风雪灾害，这样的气候条件对畜牧业的发展都造成很大的影响。

地中海气候

地中海气候是出现在纬度30°～40°之间的一种气候，地中海沿岸地区是它的典型代表，属于海洋性气候的一种。从全球范围来说，地中海气候主要分布在地中海沿岸、北美洲的加利福尼亚沿海、南美洲的智利中部、非洲南端的好望角地区、澳大利亚的西南和东南沿海这五个地区。

地中海式气候的冬季受西风带控制，气候温和，降水量丰沛。夏季在副热带高压控制下，气候炎热干燥少雨，云量稀少，阳光充足。全年降水量300～1000毫米，冬季的降雨量占到60%～70%，冬季降水量多于夏季，也就是气温高时降水量反而少，温度低时降水量反而多，这一点是与众不同的。但是这样的气候不利于植物生长，所以地中海地区的植被大多是短小的乔木和灌木。

苔原气候

欧亚大陆和北美大陆的北部是苔原气候。苔原气候是极地气候带的气候型之一。全年气候寒冷，年平均温度低于0℃，冬季的低温可达−40℃～−45℃，温度最高的月份平均温度不超过10℃，虽然日最高气温可上升至15℃～18℃。年降水量很少，基本是以雪的形式。夏季时部分冰雪能够短期溶解，相对湿度大，所以较多雾。

◆苔原景观

这样的气候条件下，树木已经无法生存，在地表生长着苔藓和地衣等植物，间或有一些低矮耐寒的灌木丛，称为苔原景观。

冰原气候

冰原气候是极地气候的一种类型，主要分布在南极大陆和格陵兰、北冰洋附近的岛屿。冬季极夜状态，终日不见阳光。夏季虽然是极昼，但是获得的太阳能量极少，温度也在0℃以下。南极测得的最低温为−94.5℃，是地球上名符其实的"寒极"。冰原气候地区降水量较少，在100毫米左右，植被稀少，代表动物是北极熊和企鹅。

◆冰原气候

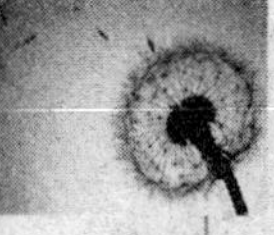

“后天”会到来吗？
——人类对气候的影响

◆极地海冰（2007年）

地震，山崩地裂，海啸，地球磁场逆转，火山爆发，气候异常，火灾，电影《2012》中的这些灾难真假难辨，引起了人们的恐慌，或许人类的活动对地球的影响还未达到这么严重的程度，但是问题已经显现出来了：大气污染，温室效应，地表破坏，生态环境失衡，一个个问题都刻不容缓亟待解决。

气候变化

据科学研究表明，全球正在经历一次以变暖为主要特征的气候变化。国际社会和科学界已经给予了高度的关注。成立于1988年的气候变化专门委员会（IPCC）每隔数年就会对全球气候的变化作一次评估。IPCC分别于1990年、1996年、2001年、2008年对气候作出了四次评估。IPCC第四次评估报告的综合报告指出，全球气候变暖这一事实是不容置疑的，所有大陆和多数海洋的观测证据表明，许多自然系统正在受到区域气候变化特别是受到温度升高的影响。过去30年的人为变暖可能已在全球尺度上对许多自然和生物系统产生了影响。

哪些活动在改变着气候?

◆滥砍滥伐的后果

现代的人类活动对气候产生影响的方式是多种多样的。一是人类对土地的开发和利用，改变了土地状况、地表植被，从而改变了下垫面的状况，如盲目的砍伐森林、过度放牧、城市的扩展、围湖造田等，这些对整个气候系统都有重大的影响。二是大量化学燃料的燃烧，温室气体的排放加剧了全球的温室效应，大气受到污染，生态环境恶化，自然灾害发生更加频繁，平流层臭氧受到破坏使南极臭氧洞扩大。

知识库——一湖清水的回归

我国内陆的四大淡水湖分别是鄱阳湖、洞庭湖、巢湖、太湖。可是在几十年前，这个排序不是这样的。

◆洞庭湖之东江湖

素有“八百里洞庭”之称的洞庭湖曾是我国最大的淡水湖。极盛时期面积达146000平方千米，到1825年只剩下6000平方千米，到了2005年洞庭湖的面积只有2740平方千米了。现在的洞庭湖已经被分割成东洞庭湖、南洞庭湖、目平湖、七里湖等几部分。有专家发出警告：再过60年，号称800里的洞庭湖将不复存在！有“千湖之省”称号的湖北省，早在1981年时省内的湖泊就只剩下309个了。

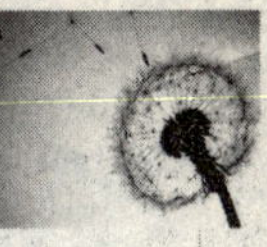

围湖造田是导致上述变化的重大原因之一。湖泊是地球内陆水系的重要组成部分，能够起到蓄洪、调节河川径流、饲养鱼虾、灌溉农田、水道交通、调节气候、种植芦苇等作用。大规模的围湖造田导致湖水容量大大减小，抗灾能力减弱，洪涝灾害发生的次数大大增加，田地的土壤环境恶化。植被遭到破坏，使得原本栖息在湖泊周围的动物种群迁徙，有的甚至灭绝，生态环境严重恶化。

◆退耕还湖鸟类回归

人们早已经认识到“围湖造田，湖口夺粮”所必须付出的沉重代价，纷纷采取措施保护湖区的生态。人对待湖泊的态度逐渐从“征服自然”向“人与自然和谐相处”转变。2009 年底，现在最大的淡水湖鄱阳湖制定了新的规划，走绿色生态的路线。面积曾一度从 5000 平方千米缩小至 3900 平方千米的鄱阳湖，经过“退耕还湖”等一些措施后，很快会出现人们期待的“一湖清水”。鄱阳湖上的白鹤也可自由地飞翔了。

温室效应

实际上温室效应分“自然温室效应”和“人为温室效应”两种，而我们现在多指的是“人为温室效应”。

大气层中的二氧化碳能够吸收来自太阳的辐射，使地球表面能够得到太阳的能量。同时，二氧化碳还能够吸收地球的辐射，大气层增温后又以辐射的形式将能量传到地面。正是因为二氧化碳对能量的吸收和拦截，地球表面的温度才能够适宜生命的生存，这就是“自然温室效应”。

从工业革命（1750 年）以来，人类由于使用煤炭、石油和天然气等化石燃料，以及加速毁林和破坏草原等活动，大气中温室气体如：二氧化碳、甲烷、一氧化二氮的浓度大大增加，其中二氧化碳的浓度在 2001 年达到 374ppm（体积浓度，表示一百万体积的空气中含二氧化碳的体积约为 374 体积)，若我们再不采取有效的措施减少二氧化碳的排放，二氧化碳的浓度将在21世纪末达到500ppm。这些温室气体在大气中停留时间很长，对气候产生了很大的影响，导致全球气候的变化，这就是“人为温室效应”。

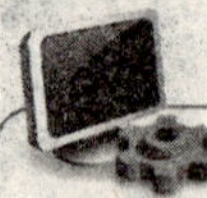

知识窗

有关研究专家通过数值模拟对气候作出了预测，如果按照过去十年的温室气体的排放速度，到2100年地球表面的平均气温将上升1.4℃～5.8℃。

广角镜——灭顶之灾：一个国家的讣告

◆图瓦卢

图瓦卢是太平洋上一个美丽的岛国，也是世界上第二小的国家，海拔最高的地点只有4.5米。由于温室效应，预计大约在50年之后，这个岛国将会沉入海底，世界地图上再也找不到这个曾经的“太平洋上散落的明珠”。

图瓦卢整个国家约1.1万人将“举国”迁往新西兰。图瓦卢将成为世界上第一个被淹没的国家，也是第一个因海平面上升而全民迁移的国家，成为温室效应第一个受害国家，图瓦卢国家的人民成了“环境难民”。

“我觉得，地球上60亿人都应该向我们说抱歉。”是图瓦卢人民对温室效应最无力的控诉。

气候变化对人类的影响

气候变化引起海平面的上升将给那些地势较低的城市带来被淹没的威

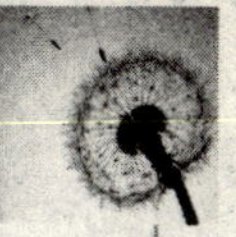

胁。近百年来全球海平面平均上升了20～30厘米。全球变暖造成农业的水资源短缺，虫害加剧，粮食减产；还可能引起细菌大量繁殖，霍乱病、疟疾病和黄热病等发病率增加，传染病增加；人类的社会经济生产严重依赖生态系统，当气候变化、生态系统破坏时，经济生产又从何说起呢，正所谓“皮之不存毛将焉附”。

> 如果整个南北极的冰川融化，全球的海平面将升高65米。

世界气象组织主持制定的世界气候影响计划提出了气候对人类影响的十个研究方向：人类的健康和工作能力、住房建筑和新住宅区、各类农业、水资源开发和管理、林业资源、渔业和海洋资源、能源的生产和消费、工商业活动、交通和运输以及各种公共服务。

点击——低碳生活

低碳这个词首先是以“低碳经济”的形式出现在2003年的英国能源白皮书《我们能源的未来：创建低碳经济》中。随后前世界银行首席经济学家尼古拉斯·斯特恩呼吁全球向低碳经济转型。目前，低碳经济已成为全球经济发展的一大趋势。

◆《世博日报·低碳》

随后，在低碳思潮的引导下，一系列的理念应运而生。如“碳足迹”、“低碳经济”、“低碳技术”、“低碳发展”、“低碳生活方式”、“低碳社会”、“低碳城市”、“低碳世界”等。下面我们要作简要介绍的就是低碳生活。

低碳生活这个词汇迅速蹿红了整个世界，在2010年4月22日即第41个世界地球日来临之际，国土资源部确定我国当年的地球日主题为“珍惜地球资源，转变发展方式，倡导低碳生活”。那么什么是低碳生活呢？

低碳生活指的是从生活的点滴做起，尽量减少能量消耗和碳排放的一种生活方式。低碳生活是一种全新的生活方式，它充分体现了人类对生态环境恶化的担忧，在这一问题上达到了共识，尽一己之力，汇入全球人们的潮流，来抓住温室

低碳生活，在路上……

效应这支即将离弦的箭。低碳生活要求人们自觉主动地约束自己，将节约资源养成为一种习惯，从生活的细节做起。下面列举一些低碳生活措施。

1. 出门购物，自己带环保袋，无论是免费或者收费的塑料袋，都减少使用。

2. 多用永久性的筷子、饭盒，尽量避免使用一次性的餐具。

3. 养成随手关闭电器电源的习惯，节约用电。

4. 用节能灯替换60瓦的灯泡；尽量乘坐公共交通工具或骑自行车。

5. 不要掉进奢侈品的陷阱，爱惜衣物，捐赠多余物品。

6. 尽量购买本地、应季的食品。

1. 气候变化对人类有哪些影响？
2. 你怎么看待低碳生活？你觉得应该怎样实践低碳生活这一生活模式？
3. 查资料，看看什么是“低碳经济”、“低碳饮食”。

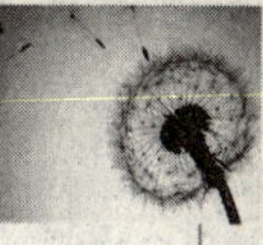

不公平的天使
——厄尔尼诺现象

太平洋赤道附近一些国家的很多渔民发现了这样一种奇怪的现象：每隔几年，从当年的 10 月到第二年的 3 月间，便会出现一股沿海岸南移的暖流，从而使表层海水的温度明显提高。这一突然的温度变化使得很多种类的冷水性鱼类大量死亡，从而给当地的渔民们带来了巨大的损失。然而，令我们感到奇怪的是，表面海水的温度是如何升高的呢？为什么会出现这样的异常呢？上面所说的就是我们所熟知的“厄尔尼诺”现象，下面我们就来了解一下什么是厄尔尼诺。

◆厄尔尼诺

什么是厄尔尼诺

◆死去的鱼群

厄尔尼诺又称厄尔尼诺洋流，是太平洋赤道带大范围内海洋和大气相互作用后失去平衡而产生的一种气候现象。在西班牙语中，“厄尔尼诺”意为“圣婴”，是由于这种现象最严重时往往在圣诞节前后，导致了大量鱼群的死亡，于是遭受天灾而又无可奈何的渔民将其称为上帝之子——圣婴。

当厄尔尼诺现象发生时，太平洋的热带海洋和天气发生异常，从而使整个世界气候模式发生变化，造成一些地区干旱而另一些地区又降雨量过多，影响范围极广。

厄尔尼诺的成因

在气象科学高度发达的今天，科学家们已经认识到厄尔尼诺现象的成因。

现普遍认为：在正常状况下，南半球吹东南信风，北半球吹东北信风。信风带动海水自东向西流动，形成赤道洋流。从赤道东太平洋流出的海水，靠下层上升涌流补充，从而使这一地区下层冷水上翻，水温低于西部，形成东西部海温差。但是，一旦太平洋东部南半球的东南信风减弱，甚至变为西风时，赤道东太平洋地区的冷水上翻减少或停止，海水温度就升高，形成大范围的海水温度异常增暖。而突然增强的这股暖流沿着太平洋海岸南侵，使海水温度剧升，形成厄尔尼诺现象，并造成冷水性鱼群大量死亡，渔民遭受巨大的经济损失。

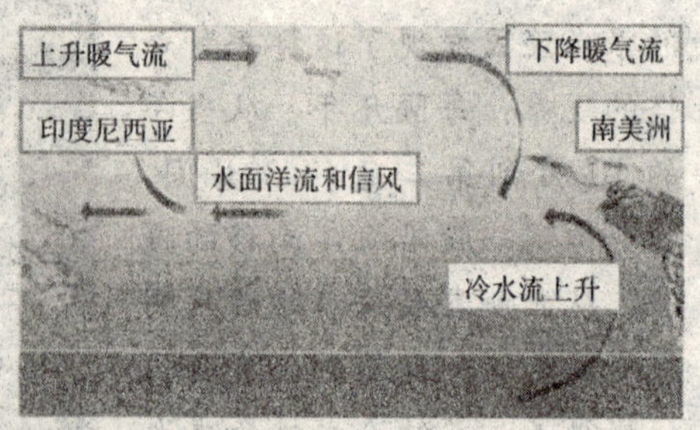

◆没有厄尔尼诺的年份

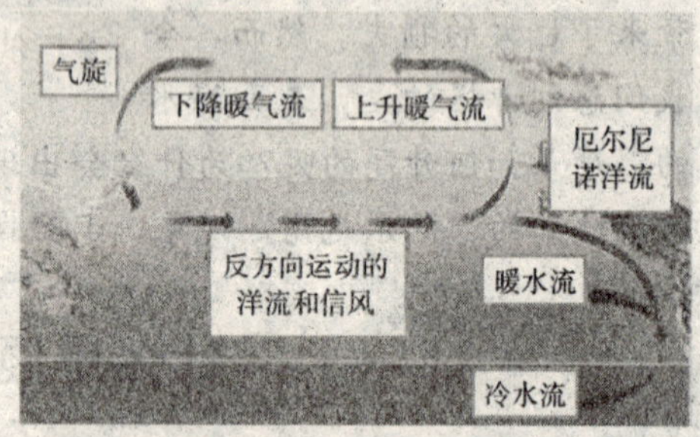

◆发生厄尔尼诺的年份

厄尔尼诺的链式反应

出现厄尔尼诺现象时，冷海水的上翻减少，替代它的是温度较高的暖流。没

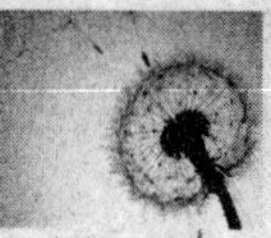

有海水的上翻作用，深海冷水域里丰富的浮游生物将继续停留在下层海水，鱼类将无法获得这些浮游生物为食，导致鱼群中出现大面积的饥荒。鱼类大量死亡，处于生物链上一级的以鱼类为食的鸟类也大量死亡。而鸟粪一直是南美洲农业的肥料，鱼粉则是动物饲料，因此，南美的农业、养殖业等也受到了重大的影响。

历史上的厄尔尼诺

历史上曾发生过多次厄尔尼诺现象，对太平洋沿岸国家的经济造成了巨大的损失。

历史上最为严重的厄尔尼诺现象发生在1982年4月～1983年7月，是几个世纪来最严重的一次，造成全世界1300～1500人丧生，经济损失近百亿美元。这次厄尔尼诺现象造成赤道地巴太平洋中东部海水表面水温比常年平均温度偏高2℃左右，并导致热带地区的大气环流也相应地出现异常，热带及其他地区的天气出现异常变化；哥伦比亚境内的亚马逊河河水猛涨，造成河堤多次决口；南美洲的秘鲁北部、中部地区暴雨成灾；巴西东北部少雨干旱，西部地区炎热；澳大利亚东部及沿海地区雨水明显减少；我国华南地区、南亚至非洲北部大范围地区也受到不同程度的影响，均少雨干旱。

知识窗

厄尔尼诺发生的前兆

厄尔尼诺现象发生前，就像地震一样，有很多的前兆，例如1990年初发生的“厄尔尼诺”前兆。这年1月，太平洋中部海域水面温度高于往年，除赤道海域水面温度比往年高出0.5℃外，国际日期变更线以西的海域水面温度也比往年高出将近1℃；接近海面的28℃的暖水层比往年浅10米左右；南美洲太平洋沿岸水域的水位比平时上涨15～30厘米。

现在人们已经开始认识到，除了地震和火山爆发等这些人类无法阻止的纯粹自然灾害之外，许多灾害的发生同人类的活动有着某种必然的联系。那么，厄尔尼诺现象的发生是否与人类对环境的破坏，以及二氧化碳排放过多导致的全球变暖有关呢。值得我们人类作进一步的思考。

小贴士——厄尔尼诺对我国的影响

我国是一个季风性强的国家。在厄尔尼诺现象发生的年份，我国的夏季风减弱，使季风雨带南移至我国中部或者长江以南。北方因为缺少降雨易形成干旱，并且温度也会偏高，出现“暖冬”。南方由于降水过多，会出现低温、洪涝等现象。比如1954年、1998年出现的极大洪水都是厄尔尼诺现象引起的。

与厄尔尼诺相反的拉尼娜

简单来说，厄尔尼诺就是太平洋中东部赤道地区温度异常增高的现象，那么会不会出现这些地区温度偏低的情况呢？

答案是肯定的，以太平洋中东部赤道地区温度偏低为特征的这一现象还有一个动听的名字——拉尼娜，也被称为“反厄尔尼诺”。拉尼娜的形成原因是由于东南信风将太平洋东部表面被太阳晒“热”的海水吹至太平洋西部，导致西太平洋的海水温度高形成低压，产生台风和热带风暴，而东部太平洋则出现底部的冷海水上翻现象，导致海水温度过低。

拉尼娜和厄尔尼诺现象是由太平洋上的环沃尔克环流控制的，当它的强度过大时，东部的海水被吹到西部，导致东部海水温度过低，出现拉尼娜；当它变弱时，就出现东部海水温度升高的现象，这就是厄尔尼诺。拉尼娜和厄尔尼诺一般是交替出现的，也有可能连续出现好几次厄尔尼诺。在全球变暖的趋势下，拉尼娜的出现大大减少，所以厄尔尼诺相对来说更为我们所熟知。

小博士

拉尼娜的危害

拉尼娜对全球气候也有很大影响。1999年的拉尼娜现象在南部非洲引起暴风雨和洪灾，在肯尼亚和坦桑尼亚引起干旱，在菲律宾和印度尼西亚酿成洪灾，在南美洲的南部地区造成异常的潮湿天气。